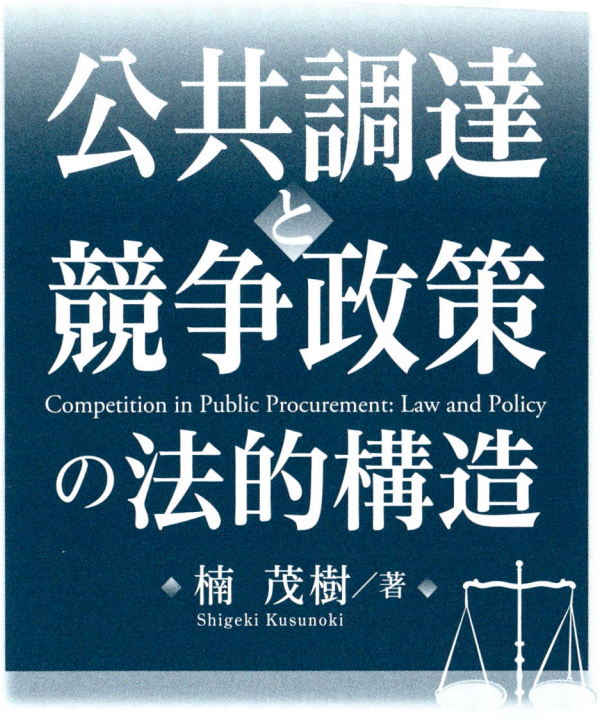

公共調達と競争政策の法的構造

Competition in Public Procurement: Law and Policy

楠 茂樹／著
Shigeki Kusunoki

Sophia University Press
上智大学出版

目　　次

序
   Ⅰ　財源の希少性と競争による解決／1
   Ⅱ　考察の対象としての会計法令と独占禁止法／3
   Ⅲ　潮目の変化：形式的な競争主義への反省／6
   Ⅳ　改革の功罪／8
   Ⅴ　本著の課題と構成／10

第1部　歴史：公共調達と競争政策の交錯

はじめに／15

第1章　出発点としての「大津判決」……………………… 17
   第1節　公共工事における競い合いの状況／18
   第2節　入札談合のメカニズム／19
   第3節　競争性のない競争入札／21
   第4節　公正な価格を害する目的／23
   第5節　まとめ／25

第2章　非競争的公共調達の構造：会計法令と実態の乖離… 28
   第1節　受発注者間の互恵関係／29
   第2節　予定価格＝適正価格の想定／31
   第3節　受注者側による不確実性故の不利益の吸収／32
   第4節　調整費用の負担／34

第 5 節　安定受注という「見返り」／35
第 6 節　社会政策の同時実現／36
第 7 節　必ずしも単純でない競争入札／37

第 3 章　問題の単純化と一連の改革……………………………… 39
第 1 節　改革の背景／39
第 2 節　改革の軌跡／40
　第 1 款　独占禁止法における課徴金導入／41
　第 2 款　静岡建設業協会事件と談合防止への消極姿勢／41
　第 3 款　改革の本格化／43
　第 4 款　「改革派」の時代／46
　第 5 款　「公共調達と競争政策に関する研究会」（2003 年）／49
　第 6 款　2005 年の二つ立法／52

第 4 章　現在位置………………………………………………… 55

第 5 章　回顧と展望：「貸し借り」構造からの脱却 ………… 57

第 2 部　競争的公共調達制度の検討

はじめに／65

第 1 章　準備作業：
　　　　　公共調達分野における競争とその規律の構造……… 66

　第 1 節　競争の意味と意義／66
　第 2 節　官製市場／68
　第 3 節　競争の多面性／71

第 2 章　競争入札と随意契約……………………………… 75

　第 1 節　競争性の観点から見た競争入札と随意契約／75
　第 2 節　一般競争入札が非競争的になる場合／76
　第 3 節　一般競争入札は効率的か／77
　第 4 節　契約者選定手法の守備範囲／79
　第 5 節　目的と状況に応じた選択／82

第 3 章　最低価格自動落札方式と総合評価方式………… 84

　第 1 節　競争性の高まりと総合評価方式／84
　第 2 節　総合評価方式の制約／86
　第 3 節　総合評価方式の問題点／89
　第 4 節　適正化のための方策／90
　補　節　競り下げについて／91

第4章　入札参加資格の設定……………………………………93

　第1節　制度の概要／93
　第2節　入札参加資格停止について／96
　第3節　規模等による区分／100
　第4節　地域要件について／102

第5章　上限価格と下限価格……………………………………104

　第1節　上限価格としての予定価格／104
　第2節　下限価格としての低入札調査基準価格と最低制限価格／109
　　第1款　低入札価格調査／109
　　第2款　最低制限価格／110
　第3節　予定価格の公表時期／113
　　第1款　対立構造／113
　　第2款　各方面の反応／115
　　第3款　問題の本質／117
　　第4款　最低制限価格を当てさせない工夫とその問題点／121

第6章　公共調達における付帯的政策……………………………123

　第1節　問題意識／123
　第2節　付帯的政策の許容性／124
　第3節　調整の考え方／128
　　第1款　競争政策の観点から／128
　　第2款　調整原理／132
　　第3款　付帯的政策が認められる場面の法的分析／134
　　第4款　契約上の義務付けについて／141
　　第5款　バイパス的な付帯的政策への懸念／146

第 4 節　補論：いわゆる「公契約法（条例）」について／148
　　第 1 款　ILO94 号条約／148
　　第 2 款　先駆けとしての野田市条例／149
　　第 3 款　批判と反論／150
　　第 4 款　視点の再確認／152

第 3 部　公共調達と独占禁止法

はじめに／157

第 1 章　総　論 …………………………………… 161

第 1 節　競争の価値／161
　　第 1 款　会計法令と独占禁止法／161
　　第 2 款　比較／163
　　第 3 款　競争制限の正当化／164
第 2 節　発注者側の違反／166
第 3 節　公共入札ガイドライン／169
第 4 節　各違反類型について／170

第 2 章　入札談合 …………………………………… 173

第 1 節　事業者の射程／174
第 2 節　意思の連絡／176
第 3 節　約束，合意／178
　　第 1 款　基本合意と個別調整／179
　　第 2 款　一方的協力のケース／180

第4節　市　　場／181
　第5節　反競争性／182
　第6節　正当化／183
　第7節　法執行／185
　　第1款　排除措置命令／185
　　第2款　課徴金納付命令／186
　　第3款　刑事制裁／194
　　第4款　民事救済／197

第3章　他者排除……………………………………………198
　第1節　欺罔型：私的独占規制から／202
　　第1款　「効率性に基づく排除」の除外：確認事項1／202
　　第2款　実質的競争制限と公共の利益：確認事項2／202
　　第3款　欺罔型の事例／203
　第2節　廉売型：不当廉売規制から／204
　　第1款　確認事項／204
　　第2款　問題になる場面／205
　　第3款　公正取引委員会の指針／207
　　第4款　簡単な整理／208

第4章　優越的地位の濫用………………………………209

第5章　独占禁止法違反が疑われる発注者側の行為………210
　第1節　発注者と独占禁止法／210
　第2節　入札談合／211
　第3節　排除行為／212

第 4 節　濫用行為／214

第 6 章　隣接領域の不正行為……………………………………216
　　第 1 節　談合罪／217
　　第 2 節　公契約関係競売等妨害罪／218
　　第 3 節　官製談合防止法／219

補　章　住民訴訟と入札談合………………………………………223

あとがき／228

〈注記〉
・表記の統一を図るため，引用部分中に漢数字が用いられている場合，必要に応じて適宜算用数字に改めている。
・件数等，本著で示した諸データ及び参照 URL は，2012 年 4 月末現在のものである。
・年表示は引用箇所を除き原則として西暦で表示しているが，法律番号，事件番号等一部については和暦で表示している。

序

I 財源の希少性と競争による解決

 限られた公的財源の有効利用は,すべての国,すべての地方自治体において不可避の課題である。右肩上がりの成長経済をもはや期待できない我が国においては,特に深刻な問題である。いうまでもなく,公共調達はその主戦場のひとつであったし,今でもそうあり続けている[1]。どのような国であれ,公共調達への支出は公的支出の大きな割合を占めているし,経済活動全体の大きな割合を占めてもいる[2]。

 その公共調達改革が今,岐路に立たされている。1990年代のいわゆる「ゼネコン汚職」[3]以降,さまざまな公共調達改革が試みられてきた。一部は成功したが,一部は必ずしも成功していない。成功したかのように見えるものの,実はそう見えるだけのものもある。一般競争入札の範囲拡大と落札率低下をひたすら目指してきた「改革派」的な改革[4]は,見かけだけの

---

[1] 公共調達における無駄とは,調達の必要性のレベルでの話(公共事業要・不要論として議論されることが多い。最近では,八ッ場ダム,スーパー堤防,泡瀬干潟埋立てなどが問題とされた)と,契約者選定の仕方と契約金額の多寡のレベルでの話に分けられる。いわゆる「事業仕分け」は前者を問題にするものである。後者は「入札・契約(制度)改革」として問われるものであり,本著は後者を扱う。公共事業に対する批判的傾向への反論として,藤井聡『公共事業が日本を救う』文春新書(2010)がある。

[2] 経済協力開発機構(Organization for Economic Cooperation and Development: OECD)の資料に拠れば,GDPにおいて公共調達が占める割合はOECD諸国の平均で12%程度(2008年)であるとされている(我が国は13%)。OECDウェブサイト(http://www.oecd.org/dataoecd/30/60/48670719.xls)参照。

[3] 金丸信自民党副総裁(当時)の巨額脱税事件の押収資料をきっかけに,公共工事絡みのゼネコン各社と中央・地方政界との癒着が明らかになり,茨城県知事,宮城県知事,仙台市長といった有力政治家が摘発された一連の事件を指す。なお同時期の,埼玉土曜会談合事件を舞台とした,大手ゼネコン最高幹部による有力議員(当時,自民党独占禁止法に関する特別調査会会長代理)に対する(公正取引委員会による)刑事告発見送りの要請(あっせんの依頼)にかかわる汚職事件も併せて「ゼネコン汚職」という場合が多い。この辺たりについては,明治学院大学法学部立法研究会編『ゼネコン汚職の究明:シンポジウム』明治学院大学法学部立法研究会(1995)が詳しい。

[4] 「改革派」と鍵括弧付けしたのは,改革派を自称する人々(典型的には地方自治体首長)の改革姿勢の歪みを意識してのことである。もちろん本著に批判的な立場からすれば,著者が鍵括弧付きの「批判者」となるのだろう。

改革の格好の例といえる[5]。

　限られた財源をどれだけ有効利用できるか，という問題はしばしば「Value for Money」の問題として語られている[6]。予算制約がない状態では公共調達の目標は，調達によって実現しようとする公共サービスをできる限り充実させることに尽きる。しかし，予算制約がある場合は，同じ金銭を投入するならばより充実した公共サービスを実現できるようにすること，その裏返しとして，同じ公共サービスを実現するためにできる限り投入する金銭を少なくすること，を目指さなければならない。

　公共調達制度においては，最良の契約者を発見するための大原則がある。それは競争という手続を用いるということである。最も発注者のニーズに応えることができる受注者とは，発注者が設定した競争のルールの下勝ち残った業者のはずである。競争が最良の取引相手を探し出すという点については民間市場と何ら変わることがない。

　公共調達改革がどのようなものとなるにせよ，競争が基調になるに違いない。何故ならばそれが法的要請だからである。ただ，時として競争は意図しない弊害をもたらすこともある。公共調達分野では価格一辺倒の競争入札の徹底が，品質面での懸念を生じさせる他，下請業者へのしわ寄せ，雇用環境の劣悪化，安全性の低下による事故の多発といった弊害が生じていると指摘されている[7]。

　公共調達の課題とは，競争の弊害をいかにして抑止しつつ，そのメリットをいかにして引き出すかということが真に追求されるべき政策課題に他ならない[8]。公共調達の課題とは競争政策の課題と言い換えることができよう[9]。

5　これまでの一連の改革の問題性を説くことが，本著の最初の課題となる。
6　Value for Money は一般に「金銭に見合う価値」程度の意味で用いられている。基本的考え方，測り方については，例えば，内閣府PFI推進室「PFI事業導入の手引き」におけるQ＆A（http://www8.cao.go.jp/pfi/tebiki/kiso/kiso13_01.html）等を参照。
7　例えば，総務省自治行政局長と国土交通省総合政策局長による各都道府県知事への2002年11月15日付の共同通知「地方公共団体発注工事における不良・不適格業者の排除の徹底について」（総行行第219号・国総入企第37号）参照。
8　このことは我が国のみならず米欧においても同様である。米国では連邦における調達はしばしば「FAR」と略される連邦調達規則（Federal Acquisition Regulation）によって規律されているが，そのコアとなる競争ルールは「1984年契約にお

II 考察の対象としての会計法令と独占禁止法

　公共調達は発注者たる行政機関等による契約行為を通じてなされるものであって，契約者選定は会計法[10]，予算決算及び会計令（以下，「予決令」）[11]，地方自治法[12]，同施行令[13]といった会計法令によって規律されている[14]。発注者がなし得る契約過程における創意工夫も会計法令によって認められている，あるいはその範囲内でなされなければならない。そうであるならば，公共調達と競争政策のかかわりを考察，展望するうえで，会計法令及びその関連する諸法令の構造を正確に把握することから出発しなければならない。そして法令の解釈として可能なものと，立法上の課題となるものとを切り分けて政策のあり方を論じることが求められる。

　競争という手続はさまざまな角度から眺めることができる。そもそも競争をさせるのか，させるとしても何を競争させるのか，そして誰に競争させるのか，さらにはどうやって競争を適正化するのか。これらの角度の各々に対応する法的環境がある。そして実務はこれらのトータルでの組み合わせとして進められていく。こうした課題にひとつひとつ答えつつ，同時に全体として政策のあり方を論じなければならない[15]。

　これら会計法令は発注者の調達活動の法的根拠を規定するとともに，法

　　ける競争法（Competition in Contracting Act of 1984）」（41 U.S.C. 253）に定められている。その名前からも解かるとおり，米国における公共調達の中心的原理は競争とその適正化にある。なお競争政策の視点から一貫してEUにおける公共調達分野にかかわる法的規律のあり方を論じたものとして，ALBERT SÁNCHEZ GRAELLS, PUBLIC PROCUREMENT AND THE EU COMPETITION RULES（2011）がある。
9　公正取引委員会が2003年に「公共調達と競争政策に関する研究会」を開催したことや，日本経済法学会が2004年の年次総会を「公共調達と独禁法・入札契約制度等」のテーマで行ったことは，公共調達の課題と競争政策の課題の重なり合いをよく表している。
10　昭和22年法律第35号。
11　昭和22年勅令第165号。
12　昭和22年法律第67号。
13　昭和22年政令第16号。
14　例えば独立行政法人の場合，各独立行政法人の内部規則によって規律されている。これらは，国の会計法令（会計法，予決令）に準拠して定められている。
15　そのような議論がこれまでなされてこなかったことのひとつの理由に，競争を激しくさえすれば解決されるだろうという問題の単純化があったということは，いえるだろう。本著第1部第3章参照。

的枠組みを提供するものでもある。すなわち，発注者は，会計法令の定めに従って調達活動をしなければならない一方，会計法令の趣旨に従う限りではその枠組み内において裁量をもって調達活動を行うことができる[16]。会計法令は発注者による競争のあり方（させ方）の選択について，どこまで義務的に求め，どこから裁量的なものとして認めているのか，を見極めることは決定的に重要である。

公共調達を競争政策の視点から見るとき，もうひとつの重要な考察対象は独占禁止法[17]である。ゼネコン汚職[18]以降，公共調達，とりわけ公共工事は独占禁止法違反である入札談合とセットで語られることが多くなった。一連の改革が入札談合防止目的で進められるトレンドが生まれ，競争性を高めることで競争制限の合意が成立する可能性を低くすることばかりが追求された[19]。その中心が指名競争入札から一般競争入札への移行であったことはよく知られている。同時に入札談合の結果高止まりしていた契約価格を低くすることが公共調達改革の名の下に徹底的に追求された。「落札率は低ければ低いほどよい」という「改革派」的発想は，近年の入札改革の過程で定着したものである。この競争性の向上と落札率の低下という目標は，政治的にアピールし易かったが故に自己完結的なものとなり，その弊害は無視されるか，軽視されるようになった。しかし，このような事態は会計法令の本来求めるところではなかったはずである。

公共調達改革を考えるうえでは，この改革の出発点，すなわち入札談合

---

16 もちろん裁量を逸脱すれば，国家賠償法上の国家賠償請求（国家賠償法（昭和22年法律第125号）1条1項）の対象となる。実際の例については，吉盛一郎「公共工事指名競争入札に関する一考察」長岡大学研究論叢5号11頁以下（2008）参照。
17 私的独占の禁止及び公正取引の確保に関する法律（昭和22年法律第54号）（以下，「独占禁止法」）。
18 具体的には埼玉土曜会事件（勧告審決平成4年6月3日審決集39巻69頁）を指す。結果的に刑事告発されなかったものの，その規模の大きさ，名立たるゼネコンが軒並み摘発されたことから，その社会的インパクトは極めて大きいものがあった。告発見送りの背景事情については，郷原信郎『独占禁止法の日本的構造：制裁・措置の座標軸的分析』（2004）71頁以下が詳しい。
19 その象徴的な例が，2006年末の全国知事会による「都道府県の公共調達改革に関する指針（緊急報告）」（http://www.nichibenren.or.jp/library/ja/opinion/report/data/2001_4_1.pdf）であろう。この指針は，同年，三人の県知事が立て続けに公共工事絡みの不正で立件されたことを受けて作成，公表されたものである。

の問題を再検討する必要がある。我が国は従来から「談合天国」といわれ続けてきたが，入札談合は独占禁止法上も，刑法[20]上もある時期まではほとんど摘発されてこなかった[21]。単純な入札談合は犯罪にはならない，とする地裁判決があるくらいである[22]。では，何故入札談合は半ば公然と容認されてきたのだろうか。言い換えれば何故に「必要悪」といわれてきたのであろうか。この点を考察することが，現在直面している公共調達改革の問題を解く鍵となるのではないだろうか[23]。

競争政策の中心的法令である独占禁止法が，公共調達分野におけるどのような主体の，どのような行為に適用できるのか，という課題は，（不当な取引制限規制（独占禁止法3条後段，2条6項）違反である入札談合を除けば）これまであまり積極的に論じられてこなかったが，重要な課題である。例えば，一連の改革を経て問題化した競争入札におけるダンピング

---

20 明治40年法律第45号。刑法96条の6はその第1項で公契約関係競売等妨害罪（偽計・威力）が，その第2項で談合罪がそれぞれ規定されている。
21 谷原修身は「我が国において，『入札談合』という言葉が，反社会的イメージを持つものとして国民に受け止められるようになったのは最近の事である。特に，『日米構造問題協議』において，米国側が日本人の『馴れ合い体質』の代名詞であるかのように，この言葉を攻撃の的として使用するまでは，我が国の入札談合は『公然の秘密』として，むしろ業界における一種の『美徳』として罷り通っていたと言っても過言ではない。」と述べている（谷原修身「米国における入札談合の法規制」公正取引521号（1994）26頁）。
22 本著第1部第1章参照。
23 必要性と悪性とを接合する撞着用法が当たり前のように存在してきたことの異常さは，省察なしに克服することはできないはずである。しかしこれまでの歩みを見る限りでは，そのような要請に応えるものではなかった。
　武田晴人は「談合に対する強い社会的批判は，健全な規範意識から見れば当然のことである。しかし，そのことが，現実の経済制度の果たしている役割を分析する目を曇らせるとしたら，再考の余地がある。強い批判があり，現に法規範に違反することを知っているが故に，おしなべて談合の当事者たちは寡黙になり，決まり文句のように謝罪だけを繰り返すことになる。『必要悪』とも言われるが，もしそうだとすれば，その必要性を誰もが納得できる形で示さなければならないのに，その果たすべき義務を当事者は放棄している。そして現実には法の網の目をくぐるような，より巧妙な方法で同様の調整が続けられていくことになる。」（武田晴人『談合の経済学［文庫版］』（2004）14頁）と指摘している。
　同様の指摘は指名競争入札についてもいえる。碓井光明は「…これまで指名競争によってきたことについて，単純に発注者の怠慢とか，さらに，関係者の不正な利得の獲得を目的とするとか，のマイナス評価で割り切ることのできないものがある。談合や贈賄をめぐる社会的批判の中で，指名競争によらざるを得なかった事情について冷静に検討する姿勢がやや弱くなっているという印象を受けるものである。」（碓井光明「日本の入札制度について」公正取引521号（1994）23頁）と述べている。

行為[24]が，独占禁止法上の不公正な取引方法規制（19条）で禁止される不当廉売行為（2条9項3号及び6号，一般指定6項）に該当するのではないか，といった主張が一部の論者によって指摘されてきた[25]。また，仕様等を決定する際発注者が業者に対して事前にヒアリングをすることがあるが，これは独占禁止法が禁止する私的独占行為（3条前段，2条5項）の問題を惹起する[26]ものであるし，独占禁止法と密接に関連する官製談合防止法[27]違反，刑法上の公契約関係競売等妨害罪（96条の6第1項）の成立が疑われることになる[28]。発注者に対する独占禁止法の適用はさらに悩ましい問題である。発注者が受注者に対してさまざま要求する不利益の一方的負担は，独占禁止法上の優越的地位濫用規制（独占禁止法19条2条9項5号）の対象となるか，ならないのであればどのような法的対応が可能かが問われている[29]。

III 潮目の変化：形式的な競争主義への反省

2011年4月末に公表された行政刷新会議「公共サービス改革プログラム」[30]には，次のような記述がある[31]。

24 　地方自治体の公共工事の場合，最低制限価格が設定されることが多く，この場合，ダンピング問題はその限りで解消されることになる。
25 　建設業ダンピング防止研究会『公共工事におけるダンピング受注防止の基礎知識—低入札価格調査(最低制限価格)制度・不当廉売・優越的地位の濫用』(2003)等参照。
26 　具体的なケースとしては，パラマウントベッド事件（公取委勧告審決平成10年3月31審決集44巻362頁）がある。内容については後述（第3部第3章第1節）する。
27 　入札談合等関与行為の排除及び防止並びに職員による入札等の公正を害すべき行為の処罰に関する法律（平成14年法律第101号）。
28 　日本年金機構の実施した競争入札において，官民間でなされた公告前，あるいは入札前の情報交換活動が摘発，立件された（2010年）ことは記憶に新しい。発注者側の機構職員は官製談合防止法違反に，受注（希望）者側の民間企業職員は刑法上の競売入札妨害（現，公契約関係競売等妨害罪）にそれぞれ問われた。各違反類型については後述（第3部第6章）する。
29 　六波羅昭「工事請負契約約款をめぐる長い戦い」東日本建設業保証建設産業図書館事務局編『建設産業史研究第3巻』391頁以下（2009）参照。
30 　内閣府ウェブサイト（http://www.cao.go.jp/sasshin/koukyo-service/publication/110428/puroguramu.pdf）参照。
31 　第1章2．(1)。

調達する財・サービスの性質に応じて，これまでの随意契約の形式的な削減ではなく，随意契約や一者応札になっている案件について，競争を制限するような条件，仕様になっていないかなどについて十分に精査し，実質的な競争性を高める努力を行うとともに，随意契約による場合であっても，説明責任を強化することにより，効率化や成果の向上等，実質的な改善を重視する取組を行う。具体的には，調達する財・サービスの性質を踏まえて，調達内容，事業者選定方式，価格の適正性についての事前検証，費用に見合った成果，効率化の程度，事前検証項目の妥当性についての事後検証といった，各府省における自律的な取組を定常化すべきである。

　これまでの公共調達改革においては随意契約の廃止，縮減を批判的に眺めることが半ばタブーとされてきたことからすれば，この指摘は革命的といっても過言ではない。随意契約は指名競争入札と同じかそれ以上に，これまでの公共調達論議では敵視されてきた。随意契約と指名競争入札は一般競争入札との比較では，表面的には競争性の程度が低いものとなっている。しかし，表面的な競争性を高めたからといって調達目標が効果的に達成できるとは限らないし，そうでない場合が目立つという問題意識が，この指摘の中に込められている。
　ゼネコン汚職以降，約20年に渡って行われてきた我が国の公共調達改革は，主として随意契約と指名競争入札がもたらす癒着・不正の糾弾という形で行われてきた。公共調達における不正の典型である入札談合は独占禁止法上禁止される競争制限行為であり，談合防止策として競争促進的な公共調達改革が目指されてきた。単純化された競争モデルは競争的であることと利潤が生まれないこととを同一視し，そこでは競争性が高まれば不正にやりとりされるような利益も出ないと考えられた。競争性の確保と癒着・不正の排除とは同じ問題として扱われるようになった。公共調達改革は競争性の確保にのみに向かって突き進んでいったのである。競争性が高まれば落札率が低下して一見税金が有効利用されたかのような印象を与え

たということもこの流れに拍車をかけた。公共調達改革において競争は単純なイメージのまま万能視されたのである。こうして非競争性それ自体が問題とされ，価格だけの競争という制度運用はそのままにしつつ，競争的にすること自体が目的となった。

上記，公共サービス改革プログラムの指摘はこのトレンドを反省するものである。それは競争の盲目的な万能視を批判するものといえる。公共工事分野については，価格競争万能視のこれまでのトレンドは2005年の「公共工事の品質確保の促進に関する法律」（以下，「公共工事品確法」）[32]の制定，施行によって潮目が変わった（少なくともはっきりした）という認識が一般のようである。

注意しなければならないのは，問題視すべきは競争を盲目的に万能視することであって，それは競争を否定することを意味しない，という点である。競争それ自体は公共調達における最良の契約者選定，最良の契約条件を実現するための基本原理であり，それは法令の要請するところでもある。問題はその競争の利点をどのように最大化するかであり，それは言い換えれば競争の適正化に他ならない。そういった視点が，徐々にではあるが浸透してきたのが公共調達改革をめぐる現在地点なのである。

Ⅳ　改革の功罪

一連の改革は，確かに会計法令には表面的には忠実であった。例外の随意契約を廃し競争入札に移行し，例外の指名競争入札の適用範囲を狭め一般競争入札の射程を拡大することに注力した。競争性の指標である（としばしばいわれる）落札率を低下させるために応札可能業者の数を増やした[33]。

そのような単純化された「改革派」的改革像が正当化されたのは，公共調達，とりわけ公共工事をめぐる不正行為の顕在化故であり，ちょうど諸々

32　平成17年法律第18号。
33　応札可能業者はあくまでも，参加しようと思えば参加できる業者の数であって，参加しそうな業者の数ではない。

の規制緩和の流れの中で競争の価値が高められた時期と重なったからであるといえよう[34]。日米間の貿易不均衡の是正を目的として1989年から1990年まで開催された日米構造問題協議（Structural Impediments Initiative）後，独占禁止法による談合摘発が加速し[35]，そして小泉純一郎政権下において（制裁・措置体系を大幅に見直した）独占禁止法大改正が実現したことも偶然ではない。

　落札率が低下することをプラスに評価するためには重要な前提がある。それは，他の事情をすべて無視することができるなら，ということである。随意契約を競争入札に切り替え，指名競争入札を一般競争入札に切り替えることで得られる望ましい帰結は，随意契約や指名競争入札で得られていた（得られるだろう）望ましい帰結との比較において，初めて評価が可能となるものである。

　しかし，そういった視角は，随意契約，指名競争入札それ自体を敵視することによって失われてしまった。公共調達改革は，一種のネガティブキャンペーンのようなものであったのである。

　行政刷新会議「公共サービス改革プログラム」は，競争入札の体裁だけを取り繕う形式主義を批判し，また盲目的な随意契約廃止論を批判し，発注者の目標を効果的に実現するために最も効率のよい契約手法を採用するべき旨謳っている[36]。ゼネコン汚職以降，一般競争入札の徹底が唱えられ，単純化された競争像への反省から一般競争入札を前提とした軌道修正が図られ，あるいは一般競争入札自体が相対化されるに至り，議論が一巡した感がある。

　公共調達改革はどこへ向かうべきなのか。ちょうど今，冷静にこの問題

34　競争原理の徹底を基調とする諸改革に対する反動が2009年の政権交代の原動力になったが，公共調達においては競争原理の徹底に対する批判はあまり目立たなかった。そもそもの改革の出発点が不正，癒着への国民の怒りの感情にあったからであろう。
35　日米構造問題協議が独占禁止法に与えた影響については，例えば，平林英勝「日米構造問題協議と独占禁止法：独禁法の強化はいかにして可能となったか」青柳幸一編『融合する法律学（下巻）：筑波大学法科大学院創設記念・企業法学専攻創設15周年記念』(2006)。日米構造問題協議の経緯と内容については，NHK取材班『日米の衝突：ドキュメント構造協議』(1990) が詳しい。
36　これを検討するものとして，楠茂樹「公共調達制度の現代的課題」上智法学55巻1号39頁以下（2011）参照。

を眺めることができる時期に差し掛かっているといえよう。会計法令の規定に拠る以上は公共調達と競争政策は不可分の関係にあり，公共調達，官製市場における競争メカニズムを解明し，競争を適正化するためのルール設計を発注者に選択させる（発注者を義務付ける）ための制度論が展開されなければならない。そのためには先ず，「改革派」的改革の反省から始めなければならない。

V　本著の課題と構成

　本著の課題をひとことでいうならば，公共調達分野における競争のあり方を規律する法令の特徴と構造を明らかにし，公共工事分野を典型として非競争的に運営されてきた公共調達分野が，一連の改革によって（法令の本来の要請である）競争的なそれに移行する過程において発生してきた諸々の問題を考察，検討することにある[37]。

　本著の構成は以下の通り。

　第１部では，公共調達分野における非競争的な規律から競争的な規律への軌跡を確認する。第１章では会計法令の要請に一見背いてでも非競争的な契約過程を正当化した談合罪（旧刑法96条の３第２項，現行96条の６第２項）の事件である「大津判決」を取り上げる。第２章ではかつての非競争的な公共調達の構造を解説する。第３章では最近の一連の改革とその過程において問題が単純化されてきたことに触れる。第４章で改革の現在位

---

[37]　このテーマに関する先行業績は皆無に等しい。もちろん，関連する断片的な先行業績は多数存在する（本著で必要に応じて引用する）。
　　行政法学の立場から，野田崇は，調達ないし政府契約にこれまで関心が向かなかった理由として，「第一に，調達に関する会計法令の定めはいわゆる内部法であると解されてきており，調達を行う行政機関に対して課せられた法的規制に対応する権利を想定することが難しいため，裁判例はそれほど多くはない。」「第二に，政府契約は，私人間の契約と同様の私法上の契約であると解されている。そのため，規制権限の行使に関連する公害防止協定や，給付行政分野で締結される契約などとは異なり，政府契約は定義上は『行政契約』の一類型であるとしても特に行政法学の関心の対象となることはなかったのではないかと思われる。」と述べている（野田崇「『政策手段としての政府契約』の法問題」法と政治61巻４号（2011）３～４頁）。
　　独占禁止法の側からは，本著注（350）参照。

置を確認し，第5章ではそれまでの記述を前提に改革のあり方の展望を行う。

　第2部では，会計法令を考察，検討の対象とする。第1章では，第2部の準備作業として，公共調達分野を規律する競争の特徴と官製市場の特殊性について触れる。第2章では競争入札と随意契約の異同，各々の特徴を考察，検討する。第3章では最低価格自動落札方式と総合評価方式を取り上げ，特に後者の問題点を中心に検討する。第4章では入札参加資格の設定を取り上げる。第5章では上限価格と下限価格の問題，具体的には，予定価格，低入札調査基準価格，最低制限価格を取り上げ，その中でも予定価格等の公表時期の問題に重点を置く。第6章では公共調達における付帯的政策のあり方について考察，検討する。最近注目を浴びている公契約法（条例）についてもこの章で触れる。

　第3部では，公共調達分野における独占禁止法のかかわりについて考察，検討する。第1章では総論として競争をめぐる価値論，違反主体，公正取引委員会の公共調達ガイドラインについて言及する。第2章では公共調達分野における独占禁止法違反の典型である入札談合を取り上げる。第3章では公共調達における他者排除行為の独占禁止法上の規律について考察，検討する。第4章では優越的地位の濫用にごく簡単に触れる。第5章では独占禁止法違反が疑われる発注者側の行為について触れる。第6章では隣接領域の不正行為，具体的には，刑法上の談合罪，公契約関係競売等妨害罪，官製談合防止法違反を取り上げる。補章では，談合業者に対して発注者が損害賠償請求をするよう義務付けを求める住民訴訟について触れる[38]。

---

[38] 本著においては比較法的アプローチをとらない。制度や実務の歴史的差異を検討せずに表面的な部分のみを比較しても本質的な議論には至らないという判断があるからである。武田・前掲注（23）に代表されるように公共調達（公共契約）は経済史の一大テーマであり，そういった歴史的背景にまで配慮しながら比較法分析（公共契約は，それ自体法社会学のテーマとしても興味深い）を行うのは膨大な作業量を必要とすることは明らかである。ただ，考察の材料として，あるいは我が国の特徴を浮き彫りにするためのツールとして諸外国の制度や実務に言及することはある。なお，本著は法学分野の特定の領域に限定して論じるものではなく，経済法，行政法，刑事法等の各領域を「競争（政策）」という観点から横断的に眺めるものである（そうであるが故に，比較法分析となると膨大な作業量と場合によっては混乱を生むことになる）。なお諸外国との比較考察を行なった文献として，楠茂樹「米欧公共調達制度における契約者選定過程－競争性と適正化－」産大法学37巻4号161頁以下（2004），大野泰平＝原田祐平「日・米・欧における公共工事の入札・契約方式の比較」会計検査研究32号149頁以下（2005）等参照。英語文献では，Shigeki Kusunoki, *Japan's Government Procurement Regimes for Public Works: A Comparative Introduction*, 32 BROOKLYN J. INTL. L.533（2007）がある。

# 第1部

歴 史
~公共調達と競争政策の交錯~

はじめに

　金本良嗣は日本の公共調達の性格を「指名競争・予定価格・談合の三点セット」と皮肉を込めて断じている[39]。それは確かに正しい。問題は，この三点セットをどう理解するかである。これまでの公共調達改革の主流は，この三点セットのうち，指名競争と談合の二点セットを悪性視することに尽きていた。

　談合の危険がありながらも，何故これまで一般競争入札ではなく指名競争入札が一般的だったのか。指名競争入札が発注者にとって不利ならば採用しなければよいだけの話である。問題があるとするならば，発注者全体にとって利益になるが，国民，住民にとって利益にならない場合，あるいは指名競争入札によって利益を受ける個人が発注者全体の意思決定を歪めるほどの大きな力を有している場合である。前者は天下りに象徴される官民間の構造的癒着として語られ，後者は政治的汚職として語られることが多い。指名競争入札と談合の二点セットは国民，住民の税を政官財で「食い物にする」ものであるという理解が支配的であったし，今でもそうあり続けている。

　三点セットのもう一点である予定価格は，この構造においてブレーキ役を演じるものである。すなわち，会計法令上，予定価格超の入札を例外なく有効なものとして扱わないという最も基本的なルールがあり，このことは談合をされた場合の損失を一定程度に抑え込む機能を有するものである。予定価格は発注者が決定するものであり，とするならば談合による損失の大きさは発注者が決定することができるのである。もちろん，予定価格は競争的価格よりも高く設定されるのが一般であるし，官製談合（その構造にも拠るが）であるならば予定価格のブレーキ機能は期待できないことになろう。

　ここまでは，指名競争入札を否定的にのみ眺める場合のシナリオである。

39　金本良嗣『公共調達制度のデザイン』会計検査研究7号（1993）36頁。

しかし，公共調達改革を行う際，指名競争入札の否定的な面のみを捉えるのか，肯定的な面にも着目するかの選択は決定的に重要である。前者であるならば止めるだけで一定のプラスの効果が得られることになろうが，後者であれば失われるものにも配慮しなければならないことになる。

ここで競争を基調とする会計法令の要請に一見反してまで，また入札談合のリスクを高めてまで指名競争入札を維持し続けてきたことの意味を理解するためのひとつのヒントを提示しよう。2005年に独占禁止法が改正[40]され，同法の処分・制裁が強化されるタイミングで，大手ゼネコンによって談合決別宣言[41]がなされた。この宣言では過去において入札談合が半ば通常化していたことを認め，このような状況からの脱却を自らの課題とすることを表明したものと理解されている。

> 透明性や公正性，自由な競争への要請に対応し，政治や行政の側においては，「公共工事の入札及び契約の適正化の促進に関する法律」の施行，総合評価方式の導入・拡大など，公共調達制度の改善に積極的に取り組み，公共工事における競争の枠組みが整備されてきた。しかしながら，会計法などの関係法令は物品も含めた公共調達のすべてを包含したもので，価格のみによる一般競争入札を原則としている。このため，公共工事の特性を十分に反映していないことから，技術力を活かして品質確保を図る入札・契約システムを導入すべきとの声が高まり，「公共工事の品質確保の促進に関する法律（品確法）」が党派を超えた議員立法により成立した。これにより，公共工事に係る調達において技術力が直接的に反映できる新たな時代を迎えた。このような画期的な枠組みが整備される中で，建設業が自らへの不信感を払拭し魅力ある産業として再生するため，談合はもとより様々な非公式な協力など旧来のしきたりから訣別し，新しいビジネスモデルを構築する

40　平成17年法律第35号。
41　（社）日本土木工業協会「透明性ある入札・契約制度に向けて―改革姿勢と提言―」（2006年4月27日）。

ことを決意した。

　ここで，「談合はもとより様々な非公式な協力など旧来のしきたり」と述べられていることに注目しなければならない。談合だけが旧来のしきたりではなく，それ以外にも「様々な非公式な協力」が存在していたことが指摘されているのである。そういった旧来のしきたりが水面下で存在していることを前提に，非競争的な公共調達のシステムが機能してきた，ということを関係者は述べているのである。この旧来のしきたりが何であったのかを探る作業は，公共調達改革を考えるうえで不可欠の作業となる。この宣言は「旧来のしきたりとの決別宣言」と呼んだ方がよさそうである[42]。

第1章　出発点としての「大津判決」

　入札談合は，かつては「必要悪」といわれてきた。そもそも「悪」とすら思われていなかったというのが正確かもしれない[43]。今でこそ，独占禁止法違反の定番となっている入札談合であるが，かつては数えるほどしか摘発件数がなかった[44]。公共工事における入札談合でゼネコンが摘発されることは，いわゆる1990年代の一連の「ゼネコン汚職」の中に位置付けられる埼玉土曜会事件[45]までは皆無であった。

　入札談合に対する法的規制のかつての状況を知る格好の材料は，刑法上の談合罪の成否が問われた「大津判決」[46]である[47]。入札談合の存在それ

42　しかし，談合以外の「しきたり」の部分はほとんどとりあげられることがない。
43　1941年の刑法改正による談合罪規定の導入をめぐる帝国議会の審議が，談合が美化されていた当時の理解をよく示しているとの指摘につき，足立昌勝「日本における談合罪の制定と契約の自由」ジュリスコンサルタス21号9頁以下（2012）参照。なお，現代において公共工事分野の非競争的運営の利点を説くものとして，藤井聡『コンプライアンスが日本を潰す』扶桑社新書（2012）がある。
44　鈴木満『入札談合の研究』に拠れば，独占禁止法制定（1947年）後，課徴金制度が導入（1977年）されるまでの約30年間で入札談合に関する審決は10件に満たない。鈴木満『入札談合の研究』（2004）35頁。
45　公取委勧告審決平成4年6月3日審決集39巻69頁。
46　大津地判昭和43年8月27日下刑集10巻第8号866頁。

自体だけでは談合罪に問うことができないとしたこの判決は，地裁判決ではあったし，確立された最高裁判決の考え方[48]に沿わないものではあったが，検察側が控訴しなかったことで確定し，その後の実務に大きな影響を与えた判決である。少々長くなるが重要な判決であるので，関連する判示部分を紹介する[49]。

草津市が発注する水道工事の指名競争入札における入札談合事件において，談合罪に問われた被告に対し大津地方裁判所は無罪を言い渡した。その理由は入札談合が存在しなかったからというものではなく，存在した入札談合が談合罪の構成要件である「公正なる価格を害する目的」を伴っていなかったからというものであった。直感的には入札談合の存在と（入札における）価格の公正さの侵害とは不可分の関係にあるように思えるが，何故両者は切り離されたのであろうか。

第 1 節　公共工事における競い合いの状況

先ず同判決は，公共入札における建設業の競い合いの実情（実状）についてまとめている。

　　…建設業界においては上水道その他の全受注量の大半を国又は地方

47　大津事件に言及する文献として，例えば，西田典之「談合罪についての覚書」芝原邦爾＝西田典之＝井上正仁編『松尾浩也先生古稀祝賀論文集（上巻）』(1998) 445 頁以下，武田・前掲注 (23) 251 頁以下，郷原・前掲注 (18) 142 頁以下等がある。
48　公正な価格とは，判例（大判昭和 19 年 4 月 28 日大審刑集 23 巻 97 頁，最決昭和 28 年 12 月 10 日刑集 7 巻 12 号 2418 頁，最判昭和 32 年 1 月 22 日刑集 11 巻 1 号 50 頁，最判 32 年 7 月 19 日刑集 11 巻 7 号 1966 頁）においても，通説においても，「競売とか入札という観念を離れて客観的に測定されるべき公正価格をいうのではなく，当該入札において，公正な自由競争によって形成されたであろう落札価格」をいう（大塚仁＝河上和雄＝佐藤文哉＝古田佑紀編『大コンメンタール刑法（第二版）：第 6 巻〔73 条～107 条〕』(1999) 210 頁）。最高裁は，「当該入札において公正な自由競争により最も有利な条件を有する者が実費に適正な利潤を加算した額で落札すべかりし価格」を「公正な価格」とする見解を否定している（同前）。判例の立場からすれば，大津判決も否定されることになる（同前 211 頁）。
49　現時点において実務的に重要なのではなく，過去の談合に対する容認姿勢の背景を知るうえで重要という意味である。

公共団体など公の機関の発注に負つており，しかも公の機関との間の工事請負取引は，著しく小規模な工事でない限り，ほとんどいわゆる指名競争入札の手段がとられているので，業者はこれに集中し，もし指名業者らにおいて事前に何らの協定もすることなく入札に臨むときは，いきおい過当競争に陥り，単に個人的に有利な諸事情を利して他より実費を合理的に切りつめるにとどまらず，利潤を削減，無視してまで落札しようとし（業界にいわゆる叩き合いの競争入札），いわゆる出血価格で受注することとなつて，これを続けるときは或は手を抜いて粗悪な工事を為し，或は工事中途で倒産するなどの結果を招くのは必然であり，現実にも以前より右の如き粗悪工事或は倒産といつた事例が跡を絶たなかつたことから，これを避け，一方では通常得られるべき利潤を確保して業者を譲り，他方では完全な工事を行つて施主たる公の機関の満足を期することを目的として，指名を受けた業者が入札前に話し合い，その内より落札予定者を定め，右落札予定者は実費に通常の利潤を加算した見積り額で入札し，他の者はこれより高額で入札する旨協定するいわゆる談合が行われるようになり現在に至つているものであることが認められる。

叩き合いによる粗悪工事の回避のための一定金額以上の受注が入札談合の狙いである，ということが認定されているのである。

第2節　入札談合のメカニズム

続いて判決は指名競争入札の実態を踏まえつつ，入札談合のメカニズムを説く。

　…業者側は工事を請負うにはまず指名を受けなければならないが，指名は請負いたい工事についてだけ願い出ても必ずしも直ちに受けられるものではなく，たとえ落札しなくても一の公の機関から指名を受

けておくことがそれ自体実績となり，次に他の公の機関より指名を受ける可能性を生みだし，その積み重ねによって請負いたい工事につき指名を受けることとなるのが実状であつて，結局請負いたい工事につき指名を受けるには常時いずれかの公の機関から指名を受けていなければならないこととなるため，実際には請負う意図のない場合でも，あらかじめ多数の公の機関に指名願を提出するものであるのに対し，他方公の機関側は，主として工事の規模に見合つた資本金，工事能力，実績などを基準として，指名願を提出した多数業者の内から5ないし10社を選定して指名するのが通例であるため，右の内には，例えば他に工事継続中などの事情から，実際には落札する意図の全くない業者が多数含まれており，しかもそのような業者は，能力などを疑われ将来他の公の機関から指名を受けられなくなることをおそれて，指名を辞退するというようなことは通常しないこと，話し合いの際それらの業者は最初から落札予定者たり得べき地位を他に譲り，残つた落札希望の数社が話し合うこととなるが，その場合結局，工事地との地理的関係，資材仕入の関係などで個人的に最も有利な事情を有し，それによつて他より実費が削減でき，採算を無視しないでせり合つた場合本来最も低廉な入札価格を申し出得べき業者に他社が譲ることによって落札予定者が定まるのが通常であること，落札予定者となつた業者は，公の機関より指名業者に交付される設計書および公の機関の行う現地説明から知り得る現地の地形，地質などをもとにし，右の如き当該工事について有する具体的諸事情を考慮のうえ工事実費を算出し，これに通常の利潤を加算した自社の見積（いわゆる積算）額を入札価格とすること，他社はこれより高額で入札することを約する訳であるが，右の如く落札予定者たり得べき地位を譲り合うことは，業界では貸し借りと称され，右の場合の他社の貸しは，連日のように行われている右の如き話し合いにおいて，逆に自社に有利な工事を右落札予定者から将来譲つてもらい，或は以前に譲つてもらったことの借りで結局は決済されるものであること，右の如くにして業界においては，通常の

利潤を確保し，工事の完全施工を期するとともに，全受注量において大きな比重を占める公の機関施行の工事を業者間に適当に配分し，もつて企業体としてのかなりの規模の組織を維持しているものであること，これに反し，いわゆる売名，面子或は工事代金債権を負債の担保に供するため敢て出血受注をしようとするいわゆる自転車操業など非合理的な目的を有する業者が譲らず，談合不調となる…場合は，結局その業者が利潤を無視して落札することになり，しかもそのような出血受注を続けることによつて倒産する業者は，最近でも毎年かなりの数にのぼつていることなどの諸事情が認められるのである。

　上記判示のポイントを一言でいうならば，受注すべき適切な業者を選出する方法は競争入札ではなく，業者間の話し合いであるということを判決自身が認めていることである。つまり競争入札の制度的不備を前提に，話し合いの有効さを説いているのである。そして業界内における「貸し借り」の構造を正面から認めているという点は，現時点から見て画期的な判決だったといえよう。
　判決は，この非競争的な手法こそが契約相手を発見する（他の代替手段との比較では）最良の手法であると結論付けている[50]。

　　…してみれば右の如き談合はまさに，公の入札制度に対処し，通常の利潤の確保と業者の共存を図ると同時に完全な工事という入札の最終目的をも満足させようとする経済人的合理主義の所産であるといわなければならない。

第3節　競争性のない競争入札

　判決は進んで，合理的な契約締結に至る過程のあり方を説く。そこでは

50　このような発想は，公共調達制度が競争入札を前提にしていることそれ自体をそもそも否定しているように見える。

随意契約と競争入札との違いを相対的なものと捉え，その違いを，契約に至るまでの折衝を個別的に行うか，集団的に行うかの差だけに見出そうとする。すなわち，競争入札という手段がとられているにもかかわらず，競争性の有無[51]を問題にしようとしていないのである。

　　公の入札というもそれは要するに公の機関が契約（本件では請負）の相手方を選び出す手段に外ならないのであるから，必ずしもそれ自体刑法上絶対的に保護されねばならない理由はなく，その目的を達成するに必要な限度で保護を加えれば足りる筈である。
　　そして公の機関が入札を手段として期する目的は，結局のところ最も妥当な請負契約即ち最も完全な工事を遂行するであろう当該工事につき最も有利な個人的事情を有する業者を選択し，その者との間に最も低廉な実費に通常の利潤を加算した価格で請負契約を締結することにつきる筈であり，それ以上に進んで業者に利潤を無視した出血サービスを強要する理由は何もない筈である。また，右の理は随意契約の手段がとられる場合でも同様であり，たゞ右目的の達成が随意契約に至る折衝の過程に全面的に委ねられる点が異なるだけで右目的自体に何ら変わりはなく，もともと入札，ことに通常行われている本件の如き指名競争入札は，本体随意契約において右目的達成のために為されるべき個々の業者との個別的な折衝を集団的に一回で済まそうとする技術的な手段に外ならないのであるから，入札によつたからといつて，随意契約による場合に比し，業者の損失において公の機関がより多くの利得を得るべき理由もまたない筈である。結局のところ，公の機関が入札を手段として得べき利益は，業者が合理的な根拠により実費を

51　法的には「価格面における競争性の有無」といった方が厳密であろうが，当時は最低価格自動落札方式が一般であり，またごく一部の例外を除けば随意契約とは特命随意契約のことを指していたのであり，当時の視点からは競争入札と随意契約との差は単に「競争性の有無」といえば足り，その方が正確であっただろう。しかし，判決はその差すら認めていないところにポイントがある。おそらく当時の公共工事の実態を前提とすれば，判決のような理解が実態に即していたということなのであろう。

（利潤をではなく）削減し得る限度にとどまるべきものといわねばならない。

　…入札の目的が最も妥当な請負契約にある以上，当該工事に最も有利な事情を有する業者を選出するものである限りにおいて，談合は何ら実質的に競争入札の実を失わせ，入札目的を害するものではなく，かえつて入札制度の有する前記の如き非合理性を入札目的達成のために匡性するものというべく，また，業者の損失において利得を得ることが入札目的であり得ない以上，右談合において，最も低廉な右落札予定者の実費に通常の利潤だけ加えたものを最低入札価格とする旨協定することも許されて然るべきものといわざるを得ない。

第4節　公正な価格を害する目的

　そして談合罪の構成要件である「公正なる価格を害する目的」について判決は以下のように述べ，応札業者間での最も低廉な実費に通常の利益を上乗せした価格を落札価格とする以上は，公正さは害されないという理解を示し，その限りにおいては，談合罪は成立しないと論じている。

　　…同条にいわゆる「公正なる価格を害する目的」とは，当該工事につき他の指名業者に比し最も有利な個人的特殊事情，例えば，当該工事の前記工事を施工していて，それに伴う飯場，事務所，資材などが工事場付近にあり転用可能なため，新たにその仮設，運搬費を要せず，また現場の地形，地質に通暁していること，資材メーカーの系列下にあつてその仕入に便宜が与えられていること，大資本が背後にあつて，工事費用が業者の銀行借り入れによる立て替え払いの場合でも，公の機関から支払があるまで長期間その負担に耐え得ることなどの事情を有する業者が，そのような事情を利して算出した最も低廉な実費に通常の利潤を加算した入札価格，しかもそれ故各指名業者がそれぞれの

事情から合理的に実費を削減し合う（利潤を削減し合うのではない）競争入札即ちいわゆる「公正な自由競争」において当然落札価格となる筈であつた価格即ちいわゆる「公正なる価格」を，不当な利益を得るためにさらに引き上げるなど入札施行者たる公の機関にとつてより不利益に変更しようとする意図をいうものと解すべく，このような意図をもつてする談合だけが同条に該るのであり，利潤を無視したいわゆる叩き合いの入札の場合に到達すべかりし落札価格（出血価格）を，通常の利潤の加算された価格にまで引き上げようとの意図をもつてする協定は，公の機関において当然受忍すべきものであり，敢て刑法の干渉すべからざるものというべく，同条には該らないと解するのが正当である。

その裏返しとして，判決は，落札予定者から協力者への談合金の授受がある場合には，上記の合理性が欠如することになるとして談合罪が成立するとしている。

　もつとも，前記の如き談合が是認されるのは，右のように合理的な根拠を有し且つ入札目的達成の妨げとならないからであり，またその限りにおいてのみなのであつて，業界において如何なる程度の慣行となつていようとも，談合に際し落札予定者となつた者が他の譲つた業者に対し金員を供し，或は供する旨を約することは，他の業者においてこれを受くべき何らの実質的な理由があるなど特段の合理的な事情のある場合は格別，それが単に落札予定者たり得べき地位を譲つたことだけの理由によりその対価として供されるいわゆる談合金である場合には，その額の如何に拘わらず，これを是認すべき理由は何もなく，また右の如き純然たる談合金の供与されるときは，いきおい落札予定者は自己が負担すべき右金額を入札価格に見込み，或は最低入札価格にこれを加算して不当に釣り上げ，或は実費を不当に削減し工事の手続によつてこれを捻出しようとするなど，直接間接に前記「公正な

る価格」を害することをはかることとなるであろうから，特に利潤を削減してその捻出をはかる意図であつたことが認められるべき格別の事情のない限りは，原則として同条に該当するものというべきであろう．

第5節　まとめ

　判決のロジック自体への疑問[52]，あるいは経済社会に対する基本的認識への疑問[53]がいくつかあり得るものの，大津判決の意義はなおも大きいものがある．もちろん，判決後控訴しなかったが故に検察・警察実務における談合摘発の消極化につながったという実際的意義の他に，そこで描かれている競争入札を原則化する会計法令と入札談合が常態化している実態とが乖離し，その背景として競争入札が機能不全に陥っているという構造的問題を指摘しているという点において意義深いものといえる．

52　談合金の授受があったとしても，額にもよるが，それは長期的に見たうえでの一定の金銭確保のための一回ごとの配分に過ぎないと理解することも可能である．契約者選定についての業者間での交渉の合理性を説いた以上，金銭の配分についての集団的活動の合理性を否定しなければならない理由もあるまい．ローテーションで最後になる業者からすれば，それまでのつなぎは死活問題であり，そういった立場の業者からすればローテーションの最初から，談合金という形での一定の金銭確保を望むかもしれない．談合罪が問題にしたのは，自らは仕事の負担をしないで談合に集るだけの業者の存在だったという後述（第3部第7章第1節）の指摘は，談合構造が多くの論者の考えるような単純なものではないことをよく示している．

53　大津判決に限らず，この時期における経済社会に対する基本認識として，営利企業なのだから一定の利潤を得るのが当然であり，それは法的に保護すべき価値ですらあるかのような論調の主張を見かけることがある．大津判決においては次のような判示部分がそれに該当するといえる．

　　…かかる事前の協定を禁じ，純然たる自由競争入札を強いるならば，前に見てきた如く必然的に業者は過当競争に陥らざるを得ない．従つて，かく解すれば同条は事実上刑罰をもつて営利会社である業者に公の機関に対する出血受注を強制するものということになろう．また，常識的にみても，右のような貸し借りの協定が許されないとすれば，業者は次に何時工事が受注できるかまつたく予測がたたないことになり，おそらく大規模な組織を有する企業体としては存続を許されないこととなろう．

　　他方，業者保護の面からみても，営利会社である業者が工事請負によつて通常得べき当然の利潤を受けることは，注文者が私人でなくて公の機関であるからといつて，これを否定しなければならない理由は何もない筈である．

　　…このように解することによつて初めて，一方では前記の如き業界の合

現時点での入札談合に対する通常の理解は，指名競争入札による競争者の限定が入札談合を誘発し競争を機能不全にするというシナリオとしてなされているが，大津判決においては，指名競争入札自体が機能不全に陥っているが故に，業者間による入札談合という非競争的手段が選択されているというシナリオとして理解されている点で決定的に異なっている。また，一般的な理解においては発注者の損失のうえに業者の利益が存在しているのに対し，大津判決の理解では発注者と業者とはウィン・ウィンの関係になっているという点でも異なっていると指摘できよう[54]。

判決の入札談合それ自体だけでは談合罪は成立しないとするロジックは，公共調達における契約者選定過程にかかわる次のような事実認識を前提にしている。

第一に，一般競争入札ではなく指名競争入札であっても，過当競争によって機能不全に陥っているということである。

第二に，入札談合は機能不全に陥っている競争入札に代替する，適正な契約者選定手法として機能しているということである。

第三に，入札談合によって決められた価格は，受注者にとって適正利潤

　　　理的慣行を是認し，業者の保護ひいては経済社会の法的安定性の保持をはかることができるとともに，他方では何ら入札制度本来の目的の達成を妨げることなく，かえって入札制度の実質の保護を期することができるものである。

　　競争原理を前提とする限り，受注機会に恵まれない事業者は淘汰される運命にあり，どのような事業者がその候補者となるかは競争原理が決めることである。公共調達分野においてすべての事業者が安定受注しなければならないとする理由があるとするならば，それは事業者数が適正であり，すべての事業者が適正価格で受注し，すべての事業者が適正に契約を履行する状況にある場合であって，そうでなければそういった主張は通用しないであろう。本来，どの程度の事業者数が適正であるか，適正価格がどこにあるのか，契約者が適正に履行するか，といった問いに答えるのは競争原理そのものであって，問われている業者ではない筈である。
　　このような当時の，競争という手続に対する懐疑的な見方は，公共調達分野のみで見かけられたものではない。一連のいわゆる「石油カルテル事件」をめぐり，法律雑誌における座談会において企業からの参加者や新聞社の論説委員が，「資本主義なのだから企業は一定の利益を出さねばならず，その要請は競争制限行為の正当化要因となる」旨の発言がなされたが，「競争（あるいは自由市場）なき資本主義」なるものが我が国には定着していたことをよく物語るものといえよう。楠茂樹『ハイエク主義の「企業の社会的責任」論』(2010) 6〜7頁 (n.9) 参照。

54　より話を進めて，業者側の利他的行動を前提にする議論もあり得るだろう。

の確保を超える水準のものでないということである。

　大津判決の事実認識を前提とする限り，競争入札はもはや形だけのものであり発注者は会計法令の遵守をアリバイ的に取り繕っているだけということになる。とするならば，このような構造においては，発注者は少なくとも入札談合を黙示に容認しているのであって，それは構造的に官製談合となる性質のものであるといえよう。

　大津判決は，競争入札の機能不全を前提にしつつ入札談合の談合罪としての扱いを説いた。これは言い換えれば，競争入札が機能しているのであれば，競争の結果得られた価格こそが公正な価格なのであり，競争制限行為である入札談合はその存在自体で談合罪の構成要件を満たすと理解することになろう。実際，大津判決から半世紀弱経過した現時点においては，そのように理解されている（もちろん，競争が機能していなくても競争的な価格が公正な価格であるという見方はあり得よう。それは競争を独立した価値としてどの程度重視するかに拠るだろう）。

　構成要件の理解の仕方については専門分野の著作に委ねる[55]として，本著の問題意識とかかわりにおいて次の点を指摘しておく。それは，大津判決（の事実認識）を前提とする限り，公共調達改革のあるべき姿とは，競争入札（のみならず競争的随意契約も同様である）を官公需の目的を効果的に実現するように機能化させることであり，そのための環境整備を行うことであるということである。言い換えれば，競争を徹底することが真の課題なのではなく，競争を徹底することと官公需の目的の効果的実現とを結び付ける解法を探ることこそが真の課題であるということなのである。そのためには，入札談合，官製談合という不透明な民民間，官民間の協力構造の中に押し込まれてきたさまざまな問題解決のメカニズムを，そのような不透明な構造の中で生じてきたさまざまな不正のメカニズムとともに明らかにする作業が求められることになる。

55　例えば，西田・前掲注(47)の他，大塚＝河上＝佐藤＝古田・前掲注(48)の該当箇所等を参照。

第 2 章　非競争的公共調達の構造：会計法令と実態の乖離

　我が国の会計法令は一般競争入札を原則としている[56]。法制度上，指名競争入札は例外的に認められるに過ぎない[57]。しかし，少し前までは実務上，あらゆる発注者が指名競争入札を一般的に用いてきた。何故，指名競争入札が一般的であったのか。このことを考えることから出発しなければ，我が国公共調達改革のあり方を全体として考えることはできないといっても過言ではない。「改革派」を称する論者がいうように，指名競争入札は官民間の癒着以外の何物でもないのだろうか。公共工事分野を中心に考えてみよう。

---

[56]　会計法 29 条の 3 第 1 項，地方自治法 234 条 1 項，2 項。
[57]　高柳岸夫と有川博の共著『官公庁契約精義』では「従前（昭和 36 年会計法の一部改正前）の会計法第 29 条においては，一般競争を原則とし，指名競争，随意契約は例外的にこれによることができることとされていたが，昭和 36 年会計法の一部改正においては，契約の性質又は目的により競争に加わるべき者が少数で一般競争に付する必要がない場合と，一般競争に付することが不利と認められる場合には，指名競争に付するものとした。このように契約の相手方を定める方式において，指名競争や随意契約を一般競争の単なる例外的方式として取り扱わず，むしろ一般競争方式による利益が得られない場合，又は逆に一般競争方式がかえって不利となるような場合には，それぞれ指名競争（又は随意契約）方式によるべきものとし，これらの各方式の長所・短所を十分認識して互いに相補充しながら，効果的な運用を図るべきことを意図したものである。」と述べている（高柳岸夫＝有川博『官公庁契約精義（平成 24 年増補改訂版）』(2012) 597～598 頁）。確かに，1961 年改正以前の旧会計法 29 条は「各省各庁において，売買，請負その他の契約をなす場合においては，すべて公告して競争に付さなければならない。但し，各省各庁の長は，競争に付することを不利と認める場合その他政令で定める場合においては，政令の定めるところにより，指名競争に付し又は随意契約によることができる」と定めていた。原則，例外関係を「許容されているか」「義務付けされているか」で分けることができるかは議論の余地があろうが，指名競争，随意契約が必要に応じて義務付けされているという法令の記載の仕方がなされていることは重要である。規定のされ方は「必要な場面が限定されていないそれ」「必要な場面が限定されているそれ」の形である以上，前者である一般競争が原則，後者である指名競争，随意契約が例外という理解は著者には違和感はない。もちろん，実際上後者が妥当する場面ばかりであるならば，規定のされ方と実務上の原則，例外関係が逆になるということはあり得る。なお同著では一般競争を「一応原則方式」（同前 289 頁）と呼んでいる。

第1節　受発注者間の互恵関係

　川島武宜，渡邊洋三の共著『土建請負契約論』[58]が，我が国の公共工事契約における受発注者間の関係の封建的特徴（そして片務性）を説いたのは 1950 年のことだった。半世紀以上経過した現在においてはさすがに「封建的」とまでいわれる関係は解消したといえるが，今でも受発注者間の片務的関係（一方的関係）を指摘する声は少なくない[59]。

　ただ，一連の公共調達改革の前後の状況を考察するうえでは，片務的なもの，一方的なものよりも，契約の表面には現れない官民間の「双方向的な」共存（相互依存）関係を指摘するほうがより本質的であるといえる。指名競争入札や地域要件の設定等，何度となく反競争的であると批判されてきた諸制度とその運用の意味を解き明かす鍵は，この双方向的な関係の解明にあるといえる。ではそれはどういうことか。

　建設マネジメント分野の専門家である渡邊法美は，「安心システム」と呼ぶ官民間の協力メカニズムを提示し，指名競争入札が果たしてきた役割を説いている[60]。渡邊に拠れば，「公共発注者と元請業者は指名と談合によって，元請業者と専門工事事業者は互いに協力関係を結ぶことによってコミットメント関係を形成し」，「これによって社会的不確実性は事実上ゼロとなり，各主体に安心が提供され」，「これらの特徴によって，発注者と国民は大量かつ迅速な社会基盤施設整備を享受し，企業は売上高を確保し，労働者は安定的雇用を図ることが可能となる」といった「安心システム」が築かれてきた[61]。この説明は高度経済成長期以降の公共契約に妥当するものとして描かれている[62]。

58　川島武宜＝渡邊洋三『土建請負契約論』日本評論社（1950）。
59　「片務」というのは語弊があろう。川島＝渡邊の描写は「仕事＝命令」「報酬＝褒美」という比喩が可能な状況を対象としており，現在でも「命令，褒美」と言い換えられる関係であるとは言い難い。むしろ独占禁止法でいう優越的地位濫用ともいえるような受発注者間のやりとりが蔓延している「一方的状況」を「片務」という言葉で表現しようとしているのであろう。
60　渡邊法美「リスクマネジメントの視点から見た我が国の公共工事入札・契約方式の特性分析と改革に関する一考察」土木学会論文集（F）62 巻 4 号 684 頁以下（2006）。
61　同前 686 頁。

そういった描写の背景的特徴のひとつが,「官の無謬性」である。渡邊は次のとおり述べている[63]。

> わが国の多くの行政組織には,膨大な量の公共工事の「完璧な」執行,すなわち,過不足のない予算執行,一定水準以上の工事品質の確保,工事の年度内完工,会計検査への「無難な」対応といった「無謬性」の要請を実現することが求められてきた。

財政法学者の碓井光明は次のとおり指摘する[64]。

> 日本において行政に対する期待,逆に言えば,行政が自己に課している行政責任には,よく引き合いに出されるアメリカとは異なるものがある。それは,およそ工事が投げ出されるとか極端な疎漏工事などは絶対にあってはならないという考え方である。事後的な損害賠償の議論などは,行政責任を重視する立場からすれば,ほとんど意味の無いことなのである。工事の完成についての完璧主義と言ってよい。

公共工事における発注者の一番の関心事は,当然の話であるが,確実な社会基盤整備の実現であり,個々の工事でいうならば,確実な工事の完成である。そこで信頼できると事前に分かっている業者に任せたいと発注者は考えるだろう。事前に分かっているならばそれらの業者を指名すればリスクは少なくなる。一方,一般競争入札の場合は入札参加資格等の組み方を失敗すればリスクは高まる。指名競争入札が発注者に好まれた最大の理由はここにある(一般競争入札が採用される場合であっても,入札参加資格等の絞り込みで指名競争入札と同様の状況を作ることができるならば,一般競争入札か指名競争入札かという区分それ自体があまり意味のあるも

62　同前690頁。
63　同前。
64　碓井・前掲注(23)24頁。なお,引用文中「疎濡工事」とある部分を文意から「疎漏工事」と改めた。

のではなくなる[65]）。

　もちろん競争者を絞りこみ，言い換えれば「囲い込み」をすれば価格は高止まりになる。入札談合のリスクも当然高まる。しかし，予算制約はあるものの，獲得した予算は計画されたものであるから，工事完成のために全て使い切っても計画通りということになる。過不足のない予算執行は，行政機関としてはむしろ好まれていた。これが，指名競争入札が許容されてきたひとつの理由である[66]。

第2節　予定価格＝適正価格の想定

　公共調達分野には，官の無謬性を支える（尤もらしく見せる）いくつかの素地がある。そのひとつが予定価格である。

　最低価格自動落札方式であれ総合評価方式であれ，会計法令は，予定価格を上限とした価格競争を応札者に求めている。予定価格（あるいはその付近）を半ば保証する上記「囲い込み」は会計法令が求めている価格競争を妨げるという点で非効率と考えるのが通常の思考であるが，少し前まで公共調達の世界ではこの点が問題視されることはなかった。

　その背景のひとつとして，予定価格の性格に対する理解の仕方を挙げることができる。予決令80条2項は，「取引の実例価格，需要の状況，履行の難易，数量の多寡，履行期間の長短等を考慮して適正に定めなければならない」と定め，予定価格の適正さを示している。また，（少なくとも表面的に行われる）競争入札の結果，発注者が設定した予定価格周辺に落札価格が落ち着くという（貸し借りの世界の中で仕組まれた）予定調和的な現象は，そもそもの予定価格の適正さ前提にするならば，むしろ歓迎されるべきものでもあったといえる[67]。

65　一般競争入札が採用されなかった理由として「安かろう悪かろうの回避」を挙げる声は少なくなかった。もちろん，一般競争入札でも指名競争と同様の効果を上げることは仕組み上可能である。今から考えると，そのような一般競争移行への抵抗は，「激変緩和のための方便」あるいは「実務対応のための時間稼ぎ」といった意味を持つものであったように思える。

66　もちろん現在においてであるという訳ではない。

もちろん，会計法令上，低入札価格調査（そのための基準価格の設定）や最低制限価格の設定が予定されている以上，予定価格だけが適正なのではなく，下限価格としての低入札調査基準価格や最低制限価格であっても適正であるはず，である。つまり，会計法令が予定している価格の適正さは「上限価格―下限価格」（下限価格が存在しない場合もある）の範囲で語られるべきものであり，その範囲内で展開される競争の結果がピンポイントでの適正な価格と理解されるべきものであるはずである[68]。しかし，非競争的な競争入札の結果，予定価格周辺での落札が恒常化し，下限価格への意識は希薄なものとなっていた。（疑似）競争の結果が予定価格の適正さの裏付けになってきたとの見方も可能である。また，発注者が技術や技術者を独占していたというかつての事情が予定価格制度を支えた，との指摘もある[69]。

第3節　受注者側による不確実性故の不利益の吸収

事情次第で予算内では工事が完成できないかもしれない。公共工事には設計の不備その他の不確定要素[70]が存在し，本来であれば契約金額に変更

67　今でも，受発注者双方において「予定価格＝適正価格」を主張する者が少なくない。
68　予決令は，予定価格は「取引の実例価格，需要の状況，履行の難易，数量の多寡，履行期間の長短等を考慮して適正に定めなければならない」（80条2項）と定めているが，それは定め方が適正でなければならないと定めるものであって，定められた額がそのまま契約条件として適正であることを意味しないことは法文上明らかである。なお，少し古いが，1983年3月中央建設業審議会（中建審）建議においては「予定価格は標準的な施工能力を有する建設業者がそれぞれの現場の条件に照らして，最も妥当性があると考えられる標準的な工法で施工する場合に必要となる経費を基準として積算されるもの」と定義付けられている。そこでは予定価格は一定の合理性を有する価格，あるいはひとつの目安価格という意味として理解されていることが解かる。とするならば，何故に厳格な上限拘束性を有するのか，という疑問が生じることになる。予定価格の上限拘束性については，第2部の該当箇所で触れる（第5章第1節）。
69　「予定価格制度はもともと積算・見積もりなどの技術や技術者を発注者側が独占している状態のなかで生み出された制度であった。そのために，入札制度導入にあたって模範とされた欧米の制度では必要条件とされていなかった予定価格が，適正な工事価格を算定するうえで有用だとして日本では受け入れられた。」（武田・前掲注(23) 137頁）と指摘されるように，予定価格制度は導入時の事情に拠るものであった。しかし，現在ではそのような前提を置くことはできない。

が生じるような場合でもそのように対応されない場合もあれば，予算上余裕がある場合には（必要以上に）多めに追加することができる場合もある[71]。しばしば「そもそも発注者側の積算自体が高すぎる」と指摘されるが，こうした柔軟な「出し入れ」の必要性と可能性を考えれば，競争的な水準よりも高めの積算をしておくことは必ずしも不合理ではない。設計変更，契約変更といった一連の見直しが求められる場合でも，（予算制約が厳しいときは）計画に基づいて算出された予算を変更することは容易ではない[72]。できる限り契約は契約として締結するものの，非公式に発注者の事情に応じて柔軟に対応してくれる業者が，発注者にとって望ましい，ということになる。そのためには一回限りの業者では都合が悪く，一定の業者を官民間の「貸し借り」の世界に囲い込んでおく必要がある。高値での安定受注が保証されることとなった業者はその地位をキープしようと，いわゆる「請け負け」の案件であっても受注し，確実な工事の完成を目指そうとする。どこかで埋め合わせがあるだろうからである。指名されているということは，この貸し借りのサークル内にあるということを意味する。言い換えれば，指名は発注者にとっての最大の武器であった。このような事情は指名競争入札をより安定的なものとした，といえる。入札談合はこのような構造の中にビルト・インしていると見ることができる。

　このような事情は公共工事に限ったことではない。物品調達であっても公共工事関連以外の業務委託でも少なからず存在するものである。例えば，購入した物品が発注者側の責任で不具合を起こした場合や，予想外の事態が生じて追加の関連業務を委託したい場合などに，無償で修理をしてくれたり，無償で引き受けてくれたりするという期待を「お決まり業者」には

70　渡邊・前掲注(60) 691 頁以下では，公共工事をめぐるさまざまな不確定要素について描写されている。官の無謬性の要請の下，そういった不確定要素を表面化させないために旧来的な非競争的システムが構築されてきたといえる。
71　同前 691 頁（「…変更後の支払いについては，予算が十分に無い場合は，業者が損害を被り，予算が潤沢な場合に不足分を受け取るといった予算執行状況に応じた柔軟な対応策が採られている場合も少なくない。」）。
72　ここでも官が無謬を装うとすることの影響が出ている。予算の硬直性もまた，予算を組んだ段階での行政の無謬性の想定が影響している。

期待できる[73]。不測の追加支出は発注者にとっては都合が悪く，手続の煩雑さを考えると，不確実性故の不利益の吸収をしてくれる受注者を発注者は好む傾向にある[74]。

官側の「計画通り行った」体裁の重視（その典型が予算の過不足のない執行）は，貸し借りの構造を安定化させる。

第4節　調整費用の負担

より悩ましく，より水面下の問題が，特に公共工事において存在する。それは公共調達実現に際して生じるさまざまな表に出しにくいコストの負担という問題である。公共工事は当然ながらある地域において実施されるものである。ある公共事業を展開しようとすれば，それは当該地域におけるさまざまな利害関係の調整が必要になるのはいうまでもなく，そこに何らかのコストが生じることになる。その地域における合意形成のコストを実際負担するのは誰なのであろうか。

地元の工事は地元に，という声をよく聞く。このような発想は社会政策的な観点から説明されることが多いが，その一方で，公共事業の過程において発生し得るさまざまな軋轢を事前，事後に回避，解消するための重要な要素となり得る。簡単な話，地元業者であれば当該地域におけるトラブルが回避できると思われているのである[75]。

しばしば「見切り発車」の公共工事を目にすることがある。つまり用地買収等の事前の準備ができていない状態で工事が開始される場合である。地元での抵抗がある場合に，地元業者が受注している場合とそうでない場合とで交渉の成否に差が出る場合，非競争的な契約者選定手法を採用する

73　地元業者であれば仮に紛争原因があったとしても表立って発注者を訴えるようなことはせずに，長期的関係の中での「将来の見返り」によって埋め合わせをするだろう。無謬性を装いたい発注者もそう期待するだろう。
74　「お決まり業者」の存在を「癒着」としてしか見ない立場が世間的には支配的ではある。
75　特に公共工事は長期間の地域的影響が無視できない。さまざまな軋轢も生じかねず，そこで地元の顔役の存在が大きな意味を持ってくる。

ことの，見えない（見せたくない）コスト削減効果が存在するということになろう[76]。こういった諸々のコストはしばしば（敢えて抽象的に）「地元対策費」と呼ばれている。

第5節　安定受注という「見返り」

　このような発注者側の事情だけでは「貸し借り」の構造は成り立たない。この構造の安定化に寄与する業者側の事情は「安定受注の必要性」である。渡邊法美は次のとおり述べる[77]。

> 　わが国の建設会社では，継続的に雇用している自社の従業員や傘下の下請業者への仕事を絶えず確保する必要がある。また旧来の経営事項審査制度の客観的事項による得点において，完成工事高が占める割合が高い。わが国の公共発注者はこの客観的事項の得点等に基づいて，各企業の格付けを決定する。企業が，目標としていた完成工事高を確保できない場合，その企業の次回の格付けは低下し，完成工事高も低下することを意味する。このようにわが国の建設企業経営では受注の確実性が要請されること，すなわち，受注時期を明確にしつつ一定水準の受注量を確保することが極めて重要となる。

　一般的にいっても，非競争的な状況下での一定水準の売上と利益の保証は，リスクの高い競い合いよりも好まれるだろう。そうだとするならば，業者側は発注者側に囲い込まれたのではなく，自ら柵の中に入り自ら鍵をかけたと見ることができる。公共工事分野のインナー・サークル化はこのようにして生まれ安定化した，といえる。その他の公共調達分野でも同じ

76　このような見えない（見せたくない）コストの業者側の負担については，実際上は存在するものの文献上で語られることは皆無といってよい。著者は幸運にも公共調達に関連する国，地方自治体の各種委員会の委員（長）として，さまざまな紙面上に現れない実態に触れることができた。
77　渡邊・前掲注(60) 691 頁。

特徴が指摘できよう。

第6節　社会政策の同時実現

　非競争的な契約者選定手法は，発注者が受注者を選ぶ手続を競争に委ねるのではなく，発注者自らが選択することを意味する。それは発注者の直面するさまざまな公共調達にかかわる要請を同時に応えるためのひとつの技法であり，時として政治的，社会的な要請を含む発注者の都合で行われる。予定調和的にことを済ませたい発注者はこのようなさまざまな要請を表面に出そうとせず，調整の過程のほとんどは一般市民には見えないようにされてきた。

　社会的要請の典型は中小企業保護である。公共調達における中小企業保護は「官公需についての中小企業者の受注の確保に関する法律」[78]，いわゆる「官公需法」によって各発注者に要請されているものである。その要請を超えて，零細企業の保護を図ろうとする発注者も多い。細分化されたいわゆる「ランク制」[79]の実施は官公需法の存在だけでは説明できないものである。

　その他に地元発注によるもうひとつの社会政策の実現として，災害対策を挙げることができる。とりわけ積雪のある地域はこの要請が強い。除雪にかかわる業務委託は発注者との災害協定に基づいて，必要な地域における業者に対して発注者は要請をかけることになるが，その担い手である建設業者が経営難に陥れば同時に災害対策にも支障をきたすという関係になっており，災害対策に責任のある発注者は地元業者に経営の持続性を要請しなければならない事情がある。大方の建設業者は公共事業に依存して経営しているが故に，地元発注の要請が働くのである。受注者側が公共サービスの一部を直接担っているという現実はもっと強調されてもよいだろう。その他，地元雇用の維持，地元商業の振興，過疎化の阻止等，さまざ

78　昭和41年法律第97号。
79　ランク制については，本著第2部第4章で触れる。

まな社会政策的要請を発注者は受けている[80]。

そのような要請を受けていると説明しなければ説明がつかない発注方法をしばしば目にする。分離・分割発注はその典型であるし，最近では総合評価方式における非価格点の設定に反映されることが多い[81]。

第7節　必ずしも単純でない競争入札

指名競争入札は談合のリスクを高めるという。確かにそうではあるが，我が国の問題を考える際，重要な事実は，談合されることが発注者にとって必ずしも不都合なものではなかったということである[82]。発注者に被害者意識があるのであれば何らかの対処がなされてきたはずであり，談合天国といわれるほどまでに談合が蔓延するということもなかっただろう[83]。そもそも法制度上，予定価格を上回る落札価格になることはあり得ない。指名の裁量と併せ，受注者側の暴走を止めるセーフティーネットが張りめぐらされている[84]。

そうだとすると，我が国における談合の特徴は，単純化された競争制限のモデルよりも，もっと複雑なものである[85]。すなわち，受注調整の基準（の

80 　もちろん，それらの政策実現を公共調達によって行うべきかどうかは議論の余地が（大いに）ある。
81 　この問題は第2部における主要テーマのひとつになっている（第2部第6章参照）。
82 　見返りとしての賄賂や天下りといった個人的利益だけで説明するのには無理がある。そうだとするならば，何故に現在，競争性の向上への取り組みと多様な入札・契約制度の模索が同時並行でなされているのか。
83 　原子力発電所の拡充のために安全神話が作られたように，政権の支持率稼ぎのために，あるいはメディアの反公務員，反公共事業キャンペーンの一環として公共調達の不正神話が作られたという事実があるのではなかろうか。もちろん，公共調達分野の不正の存在を否定する訳ではない。指摘したいのは，公共調達における各制度，各運用が不正という視点でのみ語られることの危険性である。
84 　そこでいう予定価格は契約締結後の不確実性を考えるならば，契約者にとって真に合理的な（採算が合う）価格である保証はない。とするならば，予定価格通りの契約は，受注者にとって，場合によっては十分儲かるものともなり得るし，逆に相当に損する価格にもなり得る。この点について，渡邊法美は，デビアス社のダイヤモンド原石の取引の例との類似性を説きつつ，取引当事者双方に発生し得る情報コストの重複を避けるという合理性があると指摘している（渡邊・前掲注(60) 693頁以下参照（citing R.W. Kenney and B. Klein, *The Economics of Block Booking*, 26 J. L. & Econ. 497（1983））。

ひとつ）に発注者への貢献度が加えられている，という点で特徴的であるといえる。この基準を満たせない業者は，発注者側にとってメリットのない業者であり，指名の対象から外す候補となる。生殺与奪の権利を持っているのは官製市場を作る発注者側なのであって，発注者が一方的に被害者となる訳ではない[86]。相手から利益を吸い上げるだけの説明しかできない単純化されたモデルの想定する構造では，決してないのである[87]。

そういった構造は不透明にされてきた。会計法令の予定していないメカニズムだからである[88]。法令がいかに競争させるように定めていたとしても，さまざまな事情から非競争的構造が安定化している状況が長らく続いてきた。まさに法令と実態が乖離している状況である[89]。前記大津判決は指名業者間の「貸し借り」を強調していたが，公共調達をめぐる「貸し借り」は民民間だけではなく，むしろ官民間のそれを強調することで初めて本質的問題に近づくことができる[90]。

85　もちろん，既存の，入札談合にかかわる経済的説明を否定するつもりは一切ない。それだけが説明のすべてではないということが指摘されるべきである，ということである。
86　金本良嗣はこの点に関連し，「…談合による受注者側の有利性が予定価格制と指名競争制による発注者サイドの交渉力の強化によって抑えられており，ある種の均衡状態にあると考えられる。」（金本・前掲注(39) 37頁）と指摘している。
87　構造的には入札談合とは官製談合であるといっても過言ではないだろう。贈収賄や天下りだけが官側のメリットではない，ということを認識することが公共調達改革のあり方を考えるうえで重要な前提となる。
88　入札談合の存在は半ば公然の事実ではあったろうが，そのメカニズムの詳細は一般には明らかにされてこなかった，といえる。そういった不透明さの中で，さまざまな業界のしきたりが形成されていったのであろう。入札談合はその一部に過ぎない。
89　このような談合にかかわる法令と実態の乖離について明快に論じたものとして，郷原信郎『「法令遵守」が日本を滅ぼす』新潮社 (2008) 第1章参照。
90　歴史的考察も含めて，法社会学者の参入が待たれるところである。

第3章　問題の単純化と一連の改革

第1節　改革の背景

　1990年代前半のいわゆる「ゼネコン汚職」は，その後約10年の公共調達改革のあり方を決定付ける大きなインパクトを持つものだった。政治家の不正金脈事件から芋蔓式に大規模化し，地方自治体の首長が公共工事で受注者に便宜を図ったとして収賄容疑で立件された。大手ゼネコン最高幹部と元建設大臣との間の贈収賄事件は，この時期の公共工事絡みの不正としては最も有名で，最も社会的影響力を持つものとなった。

　この事件の前提となる入札談合事件である埼玉土曜会事件[91]は，独占禁止法上史上初の大手ゼネコン摘発事件として大いに注目された。ちょうどその頃，日米構造問題協議を経て独占禁止法強化策を米国政府に約束した直後ということもあり，カルテル，入札談合に対し積極的に刑事告発をする公正取引委員会の方針に従って，埼玉土曜会事件も刑事事件に発展するのではないかと噂されていた。これを恐れたある大手ゼネコンの最高幹部が当時自由民主党の独占禁止法に関する特別調査会会長代理だった有力議員に対し金銭を提供し，公正取引委員会委員長に告発を断念するように働きかけることを要請したことが発覚し，歴史に残る贈収賄事件へと展開することになったのである[92]。

　元大臣が立件されたのは告発見送りの請託にかかわる収賄についてであって，官公需において便宜を図ったことについてではない。しかし，間接的にせよ官公需が舞台となったこの事件は，それまでの一連のゼネコン汚職事件とともに，官公需と政治的腐敗とを結び付ける恰好の材料となり，以後，そのようなイメージで語られることになった。

91　公取委勧告審決平成4年6月3日審決集39巻69頁。
92　詳しい経緯については，田島俊雄『ドキュメント埼玉土曜会談合：市民が裁く利権の温床』(1995)等参照。この有力議員は立件当時，「前建設大臣」の肩書きもあったので，さらに大きく取り上げられることとなった。

標的とされたのは，指名競争入札と随意契約であった。指名競争入札や随意契約は入札談合や官民間の癒着の代名詞として悪性視され，一般競争入札を導入すれば一挙に解決できるかのごとく論じられるようになった。指名競争入札や随意契約は公共サービスの受益者である国民，住民にとって何のメリットもなく，ただ指名競争入札や随意契約を既得権益としてきた受発注者，そしてその背後にある政治的権力のみが抵抗しているに過ぎない，といった単純な構図が広く浸透し，行政の長すなわち首長を選挙で選ぶ地方自治体では民主主義の過程を通じた改革キャンペーンへと発展することになった。ゼネコン汚職以降相次ぐ官公需の不正を受けて，2000年には公共工事の入札及び契約の適正化の促進に関する法律（以下，「公共工事入札契約適正化法」）[93]が，2002年には官製談合防止法がそれぞれ制定されている。

　国や地方自治体における一連の制度改革の経過については詳細に紹介されている他著に譲るが，ゼネコン汚職から10年経過した2000年代前半には公共工事分野を中心とする公共調達改革の基本的考え方についてのおおよそのコンセンサスがとられるようになった。それは，(1)一般競争入札を徹底する，(2)落札率引き下げを可能な限り実現する，(3)情報公開を徹底する，の三点であった。

　ここで注意しておきたいのは，ゼネコン汚職以降の一連の公共調達改革は，常に，不正の防止を念頭に進められてきた，ということである。言い換えれば，公共調達の目標を効果的に実現するための手法を直接探る試みとして，改革が進められてきた訳では必ずしもなかった，ということである。その中でも入札談合は官公需における不正の中心として位置付けられ，「談合排除」は制度見直しの正当性を示す標語のように扱われた。

第2節　改革の軌跡

　公共調達改革は歴史的には国が先行する形で進められ，ほとんどの地方

93　平成12年法律第127号。

自治体ではつい最近までほとんど改革は進められてこなかった。しかし，ここ数年の地方自治体における拙速ともいえる一連の改革によって，国との比較では地方自治体は混乱状況に陥ってしまった感がある。

第1款　独占禁止法における課徴金導入

現在に連なる改革の出発点はおそらくは，1977年の独占禁止法改正[94]にあるといえよう[95]。それまで独占禁止法は，入札談合を射程とする不当な取引制限規制違反に対しては，行政処分としては排除措置命令のみしか出すことができず，それを超えるものとしては刑事罰しか用意されていなかった。それまでの排除措置命令のみの行政処分では，とりわけ入札談合抑止に対する効果は薄いと考えられてきた。郷原信郎に拠れば，「価格カルテルにおいて合意の破棄決議と取引先への通知等の排除措置がそれなりの効果を及ぼすのとは異なり，入札談合の場合の談合システムは，格別の協議・決定で形成されたものではなく，業者間の『暗黙の合意』に基づいて行われているものであるため，その共通認識の排除を求めたところで，あまり実質的な意味はなかった」が，「課徴金の導入により，不当な取引制限の禁止規定の適用に伴って，課徴金相当額の経済的不利益を科すことが可能となったことで，入札談合に対する同規定の適用が現実的意味を持つに至った」とのことである[96]。

第2款　静岡建設業協会事件と談合防止への消極姿勢

独占禁止法の入札談合に対する適用強化の流れの中で，1982年，静岡建設業協会に対する勧告審決事件[97]が発生した。ゼネコンがかかわる入札

94　昭和52年法律第63号。
95　独占禁止法における入札談合摘発の歴史的概観を行うものとして，向田直範「独占禁止法における『入札談合』の規制」北海学園大学法学部編『変容する世界と法律・政治・文化（北海学園大学法学部40周年記念論文集）・上巻』（2007）参照。
96　郷原・前掲注(18)145〜146頁。
97　公取委勧告審決昭和57年9月8日審決集29巻66頁（（社）静岡建設業協会に対する件）。なお，同時期の公取委勧告審決昭和57年9月8日審決集29巻70頁（（社）清水建設業協会に対する件）等も併せて「静岡事件」と呼ばれることがある。この辺たりの状況を説明するものとして，菊岡倶也「日本建築産業発達史（20）昭和編：

談合に対する初の独占禁止法適用事件であったこの事件[98]は，大手ゼネコンにまで摘発が及ぶのではないかとの噂も高まり，世論を大いに喚起するものとなった。

　同事件直後，建設省は，中建審の2回の建議を踏まえて改革に取り組んだが，指名競争入札制度を基本とする運用それ自体は維持しつつその適正化を図った。具体的には，指名基準や積算基準の公表，指名業者の早期公表，指名競争の入札経緯・結果等の公表などの情報の公開や，資格審査・指名審査の厳格化，指名停止の合理化などの公正さの確保を主眼とするものであった[99]。つまり，競争性よりは公正性を重視した改革を目指したのである。談合対策としての色彩は必ずしも濃くはなかった。

　一方，その後の公正取引委員会の対応は談合抑止から遠ざかるものであった。1984年2月，公正取引委員会は「公共工事に係る建設業における事業者団体の諸活動に関する独占禁止法上の指針」を公表した。これは公共工事に係る建設業の諸特性を勘案して，独占禁止法上原則的に違反とならない行為を例示するものであり，そこでは「受注予定者の決定」自体を違法としつつ，「事業者団体が構成事業者から公共工事についての受注実績，受注計画等に関する情報を任意に収集し提供すること」や「事業者団体が採算性を度外視した安値での受注に関し自粛を要請すること」を合法とした。これらの行為は入札談合を誘発する行為といえ，こうした行為が合法化されたことによって公正取引委員会が入札談合を実質上容認したと理解されるようになった。事実，建設業における入札談合はしばらくの間摘発されなかった[100]。

　こうして公共調達の分野に談合的構造が生き続けることになったのである。

98　静岡談合事件おこる（1979年～1981年）」施工：建築の技術402号101頁以下（1999）。
亀本和彦「公共工事と入札・契約の適正化：入札談合の排除と防止を目指して」レファレンス632号13頁（2003）参照。
99　同前17頁参照。
100　以上，郷原・前掲注(18) 146頁。

第3款　改革の本格化

　公共調達改革の転機は，1990年前半から半ばにかけて訪れることになった。そのひとつは，既に触れたゼネコン汚職による世論喚起であった。その他に大きな要因が二つある。

　第一に，1990年前後，日米間での貿易摩擦解消のための協議（日米構造問題協議，日米建設協議）が重ねられ，その結果，日本政府が米国政府側に公共調達に関連するいくつかの重要な約束をしたということである。具体的には，公共調達分野の市場開放，大規模な内需拡大策，独占禁止法強化である[101]。

　第二に，世界貿易機関（World Trade Organization：WTO）における政府調達協定（Agreement on Government Procurement：GPA）[102]が1995年に締結され，翌年発効したことである[103]。そこでは一定額以上の公共調達については契約者選定に際して内外差別をしてはならないことが規定されており，協定の対象となる国，都道府県，政令指令都市等は以後，以後WTO案件への対応を求められることになった。その典型例が，制限無しの一般競争入札の採用である。

　これらのうち，公共調達改革にかかわる点のみ解説することとしよう[104]。
　1992年，中建審は「新たな社会経済情勢の展開に対応した今後の建設業の在り方について（第一次答申）：入札・契約制度の基本的在り方」[105]

---

[101] この時期の独占禁止法強化策については，同前60頁以下参照。具体的には，課徴金算定率引き上げ，刑事罰強化，刑事告発方針の作成，公表等である。なお，1994年には，公正取引委員会は「公共的な入札に係る事業者及び事業者団体の活動に関する独占禁止法上の指針」（以下，「公共入札ガイドライン」）(http://www.jftc.go.jp/dk/kokyonyusatsu.html) を公表し，前のガイドライン（「公共工事に係る建設業における事業者団体の諸活動に関する独占禁止法上の指針」）よりも違反の射程を広げた（例えば，情報共有活動についてより厳格に対応するものとなった）。
[102] 条文については，WTOウェブサイト (http://www.wto.org/english/tratop_e/gproc_e/gp_gpa_e.htm) 参照。
[103] 平成7年条約第23号。
[104] 以下の記述については，亀本・前掲注(98)16頁以下参照。その他，その時期における建設専門誌（紙）を参照。
[105] 国土交通省ウェブサイト (http://www.mlit.go.jp/sogoseisaku/const/kengyo/bidding2/cyuken/h4.htm) 参照。

を建設大臣に建議した。しかし，この時点では，一般競争入札方式の導入には消極的であり，その代わり指名競争入札の多様化を提案したり[106]，技術提案型総合評価方式の導入等を提案したりするなど，「改革派」後の公共調達改革のトレンドを先取りするかのような改革の方向性が示された。

ゼネコン汚職のインパクトは，そのような「保守的」な傾向を放棄させるに十分なものであったようだ。1993年，中建審は「公共工事に関する入札・契約制度の改革について」と題する建議を建設大臣に行ったが[107]，そこで初めて（一定規模以上の大規模工事が前提であるが）一般競争方式の導入を提案するに至った。同時に，その前提として経営事項審査，技術力の審査等資格審査体制の充実を説くとともに，入札ボンド制度にも言及している。なお，契約面については，履行保証制度の抜本的見直し（工事完成保証人制度の廃止，履行保証保険等の活用，履行ボンド制度の検討等）を提唱している。苦情処理制度の創設，入札監視委員会の設置といった，公共調達過程の適正化へ向けた一連の制度的提言も行っている[108]。

この提言を受けて政府は，1994年1月に「公共事業の入札・契約手続の改善に関する行動計画」（閣議了解）[109]を策定した。

具体的な内容は，(1)国及び一定の政府関係機関の工事で，それぞれ一定金額[110]以上の調達については，一般競争入札方式を採用すること，(2)一般競争入札方式における基本的な流れ[111]の確認，公告日から入札期日まで最低40日の確保，(3)外国企業の日本国以外における技術者数，営業年数，

---

106 具体的には，技術情報募集型，意向確認型，施工方法等提案型である。詳細は省略する。
107 国土交通省ウェブサイト（http://www.mlit.go.jp/sogoseisaku/const/kengyo/bidding2/cyuken/h5.htm）参照。
108 解説として，日原洋文「公共工事に関する入札・契約制度の改革について」公正取引521号16頁以下（1994）参照。
109 内閣府ウェブサイト（http://www5.cao.go.jp/access/japan/chans/koudou.html）参照。
110 それぞれ450万SDR及び1500万SDR以上。SDRとは「特別引出権（Special Drawing Right）」のことで，国際通貨基金（International Monetary Fund：IMF）の公式為替単位である総合通貨単位を指す。
111 発注公告，競争参加者の資格確認申請書の提出，資格確認結果の通知，入札，落札・契約と続く。

過去の同種の実績等も評価の対象にする，(4)苦情処理手続の整備について当面，現行の建設調達審査委員会における審査を活用，(5)入札談合，贈賄等不正行為に対する監督処分の強化，公共入札ガイドラインの策定及び独占禁止法違反行為等を行った者に対する競争参加の制限等，(6)適正な技術仕様の使用，JV 制度の改善，基準額未満の調達方式の改善，等であった。

1995 年 12 月，WTO 政府調達協定の締結がなされたことにより，上記一定金額以上の案件における内外格差の排除が国際的に義務付けられ，国は対応に追われた。

このような国の動きに比較して，地方自治体は鈍かった。90 年代においては，WTO 案件以外は手付かずという都道府県や政令指定都市が多く，同協定の対象外である都道府県，政令指定都市以外の地方自治体（市区町村）においては，皆無とはいわないまでも対応は鈍かった[112]。

地方自治体が本格的に改革に乗り出すようになったのは 2000 年頃からである。そのひとつのきっかけとなったのは，公共工事契約に関する情報公開等を内容とする，2000 年制定の公共工事入札契約適正化法である[113]。1990 年代から入札がらみの不正（入札談合，贈収賄等）が頻発し，地方

---

[112] 改革に取り組んでいるところがなかったという訳ではない。「①小規模工事への一般競争入札の導入，②指名業者の事前公表の廃止，③予定価格の公表，④電子入札の導入，⑤警察当局と共同して実施する暴力団関連企業の指名停止等，国とは異なる独自の改革にも積極的に取り組んでいるところも少なくなかった。」（亀本・前掲注(98) 20 頁）。

[113] 同法の概要は以下の通りである。
「国，特殊法人等及び地方公共団体が行う公共工事の入札及び契約について，その適正化の基本となるべき事項を定めるとともに，情報の公表，不正行為等に対する措置及び施工体制の適正化の措置を講じ，併せて適正化指針の策定等の制度を整備すること等により，公共工事に対する国民の信頼の確保とこれを請け負う建設業の健全な発達を図ること」（1 条）を目的として，同法は，適正化の基本原則として，①入札・契約の過程，内容の透明性の確保，②入札・契約参加者の公正な競争の促進，③不正行為の排除の徹底，④公共工事の適正な施工の確保の四つを掲げ（3 条），以下の義務付け，要請を行っている。
第一に，情報の公表の各発注者への義務付けである（第 2 章）。具体的には，毎年度の発注見通し（発注工事名，入札時期等），入札・契約の過程（入札参加者の資格，入札者・入札金額，落札者・落札金額）及び契約の内容（契約の相手方，契約金額等）である（5 条～8 条）。
第二に，不正行為等に対する措置（第 3 章）であり，具体的には，談合情報の公正取引委員会への通知と，一括下請等建設業法違反情報については国土交通大臣，都道府県への通知が定められている（10 条，11 条）。

公共団体の首長の立件が相次ぎ，ついには，2000年に元建設相が建設業者から受託収賄を行ったとの容疑で立件される事態に至った。これら一連の不祥事が同法の制定の背景事情となったのである[114]。

第4款 「改革派」の時代

これらの動きと前後して一部地方自治体では，いわゆる「改革派」と呼ばれる首長によって公共調達改革が断行されるようになった。その先駆けの存在として宮城県，長野県等がよく紹介される[115]。

その共通する手法は「競争性を高めることで落札率を下げる」というもので，簡単にいえば，指名競争入札を廃し一般競争入札を徹底すること，その際，制限的な入札参加資格の設定を行わないことが目指された。最低

　第三に，施工体制の適正化（第4章）であり，具体的には，一括下請負の全面禁止，受注者の発注者への施工体制台帳を提出の義務化，発注者による施工体制の状況点検の義務化である（12条〜14条）。
　第四に，適正化指針の作成について（第5章）であり，15条1項は「国は，各省各庁の長等による公共工事の入札及び契約の適正化を図るための措置…に関する指針（以下「適正化指針」という。）を定めなければならない。」と定め，中建審の意見を聴取した上で（同5項）閣議決定しなければならない（同4項）とされている（例えば2011年8月の改定において，新たに，「調査基準価格は，落札率と工事成績の関係を踏まえた見直しを求め，一定の価格を下回る入札を失格にする『失格基準』を積極的に導入・活用することの要請」「予定価格を聞き出そうとするなど，職員に不当な働きかけがあった場合の記録・報告・公表する仕組み導入の要請」「歩切りは『行わない』ことについての強調」がなされている）。本著ではこの指針を，「公共工事適正化指針」あるいは「適正化指針」と呼ぶこととする。
　同2項は，適正化指針の内容として次の事項を掲げている（1号〜6号）。

・入札及び契約の過程並びに契約の内容に関する情報の公表に関すること。
・入札及び契約の過程並びに契約の内容について学識経験を有する者等の第三者の意見を適切に反映する方策に関すること。
・入札及び契約の過程に関する苦情を適切に処理する方策に関すること。
・公正な競争を促進するための入札及び契約の方法の改善に関すること。
・将来におけるより適切な入札及び契約のための公共工事の施工状況の評価の方策に関すること。
・その他，入札及び契約の適正化を図るため必要な措置に関すること。

　関係各省の大臣（国土交通大臣，財務大臣，総務大臣）は，毎年度，発注者（国，特殊法人等及び地方公共団体）による措置状況を把握・公表し，特に必要のあるときは改善の要請を行うものとされている（17条，18条）。

114　亀本・前掲注(98) 20頁参照。
115　これら地方自治体の取り組みについてはさまざまな媒体で紹介されており，枚挙に暇がない。ここでは省略する。

価格自動落札方式を前提としたこれらの対応は当然のように価格競争を促進し，結果，大幅な価格低下をもたらした。

大幅な価格低下には，大きく分けて二つの要因がある。ひとつが競争性を高めることでより効率的な業者が受注できるようになったということであり，もうひとつがいわゆる「アウトサイダー」を応札させることで業者間の調整を困難にさせる，すなわち談合をさせないことに成功した，ということである。

特に後者のポイントは，1990年代の独占禁止法強化の流れ，ゼネコン汚職（まさにそのひとつの舞台が宮城県であり，浅野史郎元知事は逮捕された前知事の後任であった）といった「脱談合」（「脱公共事業」といってもよいかもしれない。長野県の田中康夫元知事は「脱ダム宣言」で有名である）の動き，世論の高まりに呼応するものであり，一連の改革は時宜を得ることになったのである。

1990年代に始まった「改革派」的改革は，2000年前後の入札談合，官製談合の頻発化を背景に全国に波及し，一般競争入札に熱心な「改革派」と相変わらず指名競争入札を維持しようとする「抵抗勢力」（しばしば「利権派」のように呼ばれた）とに色分けされるようになった。各種経済誌が一般競争入札の導入状況や平均落札率から各地方自治体を順位付けする「改革度ランキング」のような特集をしばしば組むようになったのもこの頃からである。

2001年に公表された日本弁護士連合会「入札制度改革に関する提言」は，このような流れをよく反映するものであった。そこでは，公共工事入札契約「適正化法第15条の適正化指針に談合防止の具体化策を盛り込む」ことを求めつつ，次の入札改革を行うことを提言している[116]。

1．国，特殊法人，地方公共団体は，談合が困難な入札にするため，
　①一般競争入札，公募型（工事希望型）指名競争入札を実施する場合，

116　日本弁護士連合会ウェブサイト（http://www.nichibenren.or.jp/library/ja/opinion/report/data/2001_4_1.pdf）参照。

競争が確認できるまで地域制限，経営事項審査に基づく総合評点制限を緩和し，おおむね30社ないし100社の入札参加を可能とし公正競争の確保をする。

②指名競争入札を実施する場合，地域制限，経審点数を緩和するとともに，市外に本店を有する業者を指名するなど，指名業者の予測が難しい指名を実施し，事前に指名業者を公表しない。

③共同企業体（JV）を入札参加の条件にしない。

④入札業者に対し，詳細な積算内訳と下請契約書の提出を義務付ける。

2．国，特殊法人，地方公共団体は，談合によるペナルティーを強化し，

①入札業者に対し，「入札談合が判明した場合，入札業者は発注者に対し，契約額の10％以上の損害賠償をする」との誓約書を提出させる。

②入札・談合が明らかになった場合，談合業者に対する損害賠償請求を実施するとともに，当該業者に対する入札資格剥奪期間を原則2年とする。

このような脱談合を目指す「改革派」的改革がピークを迎えたのが2006年である。この年の後半，入札談合絡みの不正で三人の知事が相次いで逮捕，起訴される事態が生じ，全国知事会は緊急に公共調達改革のあり方を検討する部会を設置，同年12月には「都道府県の公共調達改革に関する指針（緊急報告）」と題する指針を作成，公表した[117]。そこでは，上記の「改革派」的改革がモチーフとされたのである。「契約金額1000万円以上の公共工事については一般競争入札を適用する」との指針はそれを象徴するものであった。

以後，都道府県を中心に各発注者はこの基準が改革の目安とされ，これを満たせば合格，満たさなければ不合格とのレッテルを貼られることになった。なお，行政のIT化が進んだことを受けて，改革のメニューに「電子入札の導入」が加えられたのはこの頃からである[118]。

---

117 本著注(19)参照。
118 同前参照。そこでは「電子入札は，入札参加者が顔を合わせることがなく，誰が

第5款 「公共調達と競争政策に関する研究会」(2003年)

これと前後して注目したいのが，2003年に発表された「公共調達と競争政策に関する研究会」報告書である[119]。これは公正取引委員会が主催した同研究会の手によるもので，入札談合抑止を中心的課題としつつも，より広く競争政策の観点から公共調達改革のあり方を検討する内容となっている。入札談合抑止のための競争性確保を前提としながらも，競争性の確保が公共調達の目標実現に資するように適正化されなければならないという問題意識からもさまざまな検討を行っているところが特徴的である。全国の公共調達改革の視点が競争性ばかりに向けられている傾向にあったこの頃に，後の公共工事品確法にも連なる視点が強調されたことの意義は，それも競争政策の専門機関である公正取引委員会の研究会によって説かれたことを併せ考えると，極めて大きなものであるということができる。

同報告書の核心部分である「提言」(第三部)について大まかに確認しよう[120]。

第一に，公共調達改革の基本的な視点として「『(一定のコストに対して)最も価値の高いものを調達する』という，Value for Moneyの基本理念に基づき，安くて質の高い物品やサービスを調達することが必要である。」ことが確認され，そのための「競争性の確保」の必要性が説かれているということである[121]。報告書では同時に入札談合排除のための公共調達改革の必要性を説く[122]が，両者の必要性を同時に，それも公共調達の本来的な目的実現の必要性を先行させた意義は大きい。そこでは入札談合を排除

　入札に参加するかを事前に把握することが困難なことから談合防止に効果があるといわれている。全国的には移行途中の団体が多いが，3年以内に全面導入することを目指すべきである。」と述べられている。一方，公正取引委員会の「公共調達と競争政策に関する研究会」報告書(次注)は，電子入札をあくまでも一般競争入札拡大に伴う事務負担の軽減の手段として扱っている。
119　公正取引委員会ウェブサイト (http://www.jftc.go.jp/pressrelease/03.november/03111801-02-hontai.pdf) 参照。
120　但し，すべてについて言及している訳ではない。
121　第三部1(1)。
122　同前。

しさえすればすべてが解決する訳ではないこと，言い換えれば闇雲に競争を煽ったところでよい結果は得られないことが含意されているからである（以下では，入札談合対策以外の部分についてのみ言及する）。

第二に，一般競争入札の徹底化に伴う弊害を除去するための次の方策について言及していることである[123]。

①発注者側の事務量の増加については電子入札の導入で対応する。
②適切な入札参加資格を設定すること。
③受注者の技術力，経営力についての適切な監督体制を整えること。

これらの問題への言及は，従来の公共調達改革において欠如していた「競争性の確保に伴うコスト」という視点を正面から受けるものであり，それ自体が画期的なことであるといえる。報告書における公募型指名競争入札への言及[124]は，そのようなコストへの配慮があるからに他ならない。

第三に，中小企業の受注機会拡大，地域振興といった社会政策と公共調達とのかかわりについて，「受注の『機会』の確保にとどまらず，『結果』の確保まで配慮した運用が行われる場合には，中小企業の競争的な体質を弱め，中小企業の健全な成長・育成を阻害しかねないものと考えられる」と，消極的な姿勢を見せているということである。

報告書では，「地域要件の設定」「共同企業体」「分割発注」「ランク制」等を取り上げ，これらについて個別に検討を進めているが，「競争性低下への懸念」が，それらに共通する指摘となっている[125]。

第四に，システム調達のように一度競争入札で落札した業者がその後の関連発注案件の唯一の受注可能業者となりやすい公共調達について，債務負担行為による複数年契約を提唱していることである。これによりトータルでの効率性を実現できるとしている[126]。

第五に，随意契約について，随意契約時の説明責任を回避するためだけの競争入札の問題点を指摘していることである。報告書では，こうした形

---

[123] 第三部2(1)。
[124] 第三部2(2)ウ。
[125] 第三部3。
[126] 第三部4。

式的な競争入札の実施は入札不正の温床となると指摘する[127]。

　第六に，総合評価方式の活用について言及があることである。報告書では，「発注者の企画立案力を考慮すると，高度な技術力を要するような案件や，環境の問題についての対策を考慮する必要のある案件等については，価格以外の技術や性能等の要素を含めた多様な評価基準により契約者を選定する方式，いわゆる総合評価方式を採用することが適切である。」と説いている[128]。

　第七に，不服申立制度の整備・拡充を説いていることである。報告書では，「入札方式や契約者の選定方法が調達案件の性格等に応じて多様化していった場合，事業者サイドからは，個別の調達案件について，①一般競争入札において競争参加資格が認められなかった理由，②総合評価方式の案件について自らが落札者とならなかった理由，③一般競争入札又は総合評価方式が採用された理由等，入札・契約の過程及び発注方式や監督・検査結果の評価に関する発注者サイドの判断についての説明を求める機会が増加するものと考えられるが，こうした事業者からの不服申立てに関する制度を整備し，公共調達の手続の透明性を高めていくことは，競争性の確保の観点からも重要である。」と述べ，入札・契約の監視及び苦情処理の機関，手続を整備，改善することを要請している[129]。

　第八に，一般競争入札の推進が「品質確保」に懸念を生じさせることを正面から認め，そのための対応策を提示していることである。具体的には，ダンピング防止のための諸策と入札ボンド制度導入に触れている。このうちダンピング防止については，「低入札価格調査の見直し」「最低制限価格の適切な設定」を挙げているが，後者については，次善の策としての位置付けがなされており，可能な限り前者に拠ることを提唱している[130]。

　一点追加すべき重要な指摘として，独占禁止法の不当廉売規制の厳格な適用に言及していることがある。報告書では，「採算を度外視した極端な

127　第三部 5 。
128　第三部 6 。
129　第三部 8 。
130　第三部 9 (1)。

安値受注が繰り返され，他の事業者が受注の機会を得られないなどにより，競争事業者の事業活動を困難にさせるおそれがある場合には独占禁止法上の不当廉売として問題となる。公正取引委員会は，このような事案に接した場合には，厳正に対処していく必要がある。」と述べている[131]。

第6款　2005年の二つ立法

2006年の相次ぐ知事の立件で「改革派」的改革がピークに達するその少し前の2005年春に，公共調達改革の歴史において重要な二つの法案が国会を通過した。ひとつが，2005年3月末に制定された公共工事品確法であり，もうひとつが，同年4月に国会を通過した独占禁止法改正法である。この二つは法的には切り離されたものであるが，政治的には密接に絡み合うものであった。先ずは両者の概要から説明しよう[132]。

2005年3月30日に制定された公共工事品確法は文字通り，公共工事分野における品質の確保のための諸策を講じるものである。

同法の基本的考え方は，3条2項の「公共工事の品質は…経済性に配慮しつつ価格以外の多様な要素をも考慮し，価格及び品質が総合的に優れた内容の契約がなされることにより，確保されなければならない。」という表現に端的に出ている。公共工事においては品質が重要な要素であるという当然の視点が敢えて確認されているのは，会計法令上，公共調達における契約者選定過程の原則が最低価格自動落札方式であり，それは公共工事分野であっても同様であるからに他ならない。すなわち，公共工事品確法の最も重用な示唆とは，最低価格自動方式と総合評価方式の会計法令上の原則，例外関係を，公共工事分野において逆転させようというところにあり，実際，同法施行以後，国の公共工事においては総合評価方式が原則化されている[133]。

---

[131] 第三部9(1)イ。
[132] 解説として，楠茂樹「公共工事品質確保法と独占禁止法」法律のひろば58巻12号33頁以下 (2005) 等参照。
[133] その他，3条では基本理念として，「適切な技術又は工夫の確保」（3項），「談合，入札談合等関与行為等，不正行為の排除」（4項），「民間事業者の能力の活用」（5項），

もうひとつの独占禁止法改正法は，公共工事品確法制定の3週間後の2005年4月20日に国会を通過している。具体的な改正内容はおおよそ次の通りである[134]。

① 課徴金算定率の引き上げ
② 課徴金対象違反行為の射程拡大
③ 情報提供を行った事業者に対する課徴金減免制度導入
④ 罰金と課徴金との調整規定の導入
⑤ 罰則規定の見直し（強化）
⑥ 刑事訴訟における東京高裁の第一審専属管轄の廃止
⑦ 審判前の行政処分

すべて重要な改正点であるが，実体面においては①③が大きな関心事であった。何故ならば，当時頻発化している入札談合の抑止が法改正の重要な狙いであったからである[135]。公正取引委員会が提示した多くの資料では

「元下関係の適正化」（6項），「調査及び設計の品質確保」（7項）が掲げられている。
　4条から7条までは，それぞれ，上記基本理念の実現に向けた「国の責務」（4条），「地方公共団体の責務」（5条），「発注者の責務」（6条），「受注者の責務」（7条）が定められている。このうち，「発注者の責務」については，「仕様書及び設計書の作成」，「予定価格の作成」，「入札及び契約の方法の選択」，「契約の相手方の決定」，「工事の監督及び検査」，「工事中及び完成時の施工状況の確認及び評価」（以上，1項），「公共工事の施工状況の評価に関する資料その他の資料の保存」（2項），「必要な職員の配置その他の体制の整備」（3項）が適切になされるべき旨が具体的に定められている。
　11条以降は，総合評価方式を念頭においてその審査対象，審査過程について定めている。具体的には，「競争参加者の技術的能力の審査」（11条），「競争参加者の技術提案」（12条），「技術提案の改善」（13条），「高度な技術等を含む技術提案」（14条）である。よく知られている総合評価方式の類型である「技術能力審査型」「標準型」「高度技術型」はこれらの規定に対応している。
　公共工事の品質確保に向けた具体的な取り組みについて，同法は基本方針を政府に策定させることを求めている（8条）。具体的には，「公共工事の品質確保の促進に関する施策を総合的に推進するための基本的な方針」（2005年8月26日閣議決定）（http://www.mlit.go.jp/sogoseisaku/const/hinkakuhou/housin/housinhonbun.pdf）がまとめられている。

134　およそ四半世紀ぶりの独占禁止法改正であり，関係する解説や論説は枚挙に暇がない。ここでは学術雑誌，学会誌で特集が組まれたものとして，以下の二つの文献を挙げておく。ジュリスト1294号（2005）（「特集独占禁止法改正」），日本経済法学会編『独占禁止法改正（日本経済法学会年報26号）』（2005）。

135　入札談合抑止は法改正の方便であったという見方もある。というのは，当時日本政府が諸外国から要請されていたのは，国際カルテルを効果的に摘発するための課徴金減免制度の導入であり，そのためには課徴金算定率それ自体もセットで強化する必要性があったからである。公正取引委員会事務総長の2008年2月27日におけ

入札談合による非効率性が強調され，入札談合の効果的な排除のためには課徴金算定率の大幅引き上げと，違反の効果的な摘発と違反それ自体の抑止につながる課徴金減免制度の導入の必要性が説かれた。これに対し，(公共調達に関連性の強い) 業界の多数は反発した[136]。

そのような中での公共工事品確法の制定はいったい何を意味するのか[137]。これはまさにこれまでのような談合的構造の下での公共調達から，競争的な公共調達への変化を意味するものである。すなわち，競争入札における原則としての最低価格自動落札方式を維持しつつ，品質の維持のために反競争的な契約者選定を行ってきたこれまでの公共調達実務を改め，競争が機能するための環境整備を行った上での脱談合の実現を目指そうとしたと見ることができる。公共工事品確法が通れば底なしの価格低下が回避され，一定以上の技術と経験を有する業者のみが生き残れるという思惑が (反発する) 業界の声を代表する主要企業にはあったのだろう。

そういったシナリオなのであれば，確かに独占禁止法改正よりも前に公共工事品確法を制定させておく理由がある程度は理解できる。それによって独占禁止法改正に反発する業界を説得することができるからである[138]。

る記者会見で，「従来，我が国において，国際カルテルの摘発が困難だった理由の一つとしては，リーニエンシー制度がないと，欧米当局が国際カルテルを処理するに際しては，リーニエンシー制度が重要な役割を果たしているということが挙げられて(い)た。」と述べられている (http://www.jftc.go.jp/teirei/h20/kaikenkiroku080227.html)。

　日本の独占禁止法では，カルテルよりも多く，また世論を喚起する上でも「税の無駄遣い」をアピールできる入札談合の抑止の方が，改正する側からすればターゲットとしやすかったという事情もあったようだ。

136　この辺りに触れるものとして，楠茂樹「独禁法措置体系改革について－回顧と展望－」産大法学 39 巻 1 号 1 頁以下 (2005)，同「入札談合に対する処罰による解決とそれ以外の解決」産大法学 40 巻 1 号 1 頁以下 (2006) 等参照。

137　ゼネコン汚職以降進められてきた公共調達改革は，2005 年に大きな転機を迎えることとなった。この年の春，独占禁止法の改正と公共工事品確法の制定がほぼ同時期になされた。前者は，入札談合に対する独占禁止法の厳罰姿勢を確固たるものとするという意味を有し，後者は，公共工事における従来型の競い合いの仕組みを価格から質へと変換させるという意味を持つものであった。この二つの立法作業は相互にリンクするものとして理解するのが自然である。直後に見る「決別宣言」と併せ考えるならばなおさらである。

138　そのような流れは，既に触れた「旧来のしきたりとの決別宣言」に見え隠れする。どのような法制度も多かれ少なかれそうであるが，制定以来，独占禁止法は立法面でも執行面でも政治的な妥協の産物としての性格が強かった。独占禁止法をめぐる諸勢力の関係については，例えば，Kenji Suzuki, Competition Law Reform in Brit-

独占禁止法改正と公共工事品確法制定で脱談合への道筋が付けられた，という認識で改めて「旧来のしきたりとの決別宣言」を読むとその真意がよく理解できるのではないだろうか。繰り返しになるがもう一度引用しよう[139]。

> 透明性や公正性，自由な競争への要請に対応し，政治や行政の側においては，「公共工事の入札及び契約の適正化の促進に関する法律」の施行，総合評価方式の導入・拡大など，公共調達制度の改善に積極的に取り組み，公共工事における競争の枠組みが整備されてきた。しかしながら，会計法などの関係法令は物品も含めた公共調達のすべてを包含したもので，価格のみによる一般競争入札を原則としている。このため，公共工事の特性を十分に反映していないことから，技術力を活かして品質確保を図る入札・契約システムを導入すべきとの声が高まり，「公共工事の品質確保の促進に関する法律（品確法）」が党派を超えた議員立法により成立した。これにより，公共工事に係る調達において技術力が直接的に反映できる新たな時代を迎えた。このような画期的な枠組みが整備される中で，建設業が自らへの不信感を払拭し魅力ある産業として再生するため，談合はもとより様々な非公式な協力など旧来のしきたりから訣別し，新しいビジネスモデルを構築することを決意した。

第4章　現在位置

課徴金制度を導入した1977年改正以来の四半世紀ぶりの大改正であった2005年の独占禁止法改正が功を奏してか，その後年間30件前後あった独占禁止法における入札談合に対する処分件数は，その後減少傾向となった[140]。その後の独占禁止法措置体系見直し論議の主たる関心は，排除型私

AIN AND JAPAN: COMPARATIVE ANALYSIS OF POLICY NETWORK（2002）参照。
139　本著注(41)参照。

的独占や不公正な取引方法への課徴金制度の導入[141]へと移り，反談合色は薄れた。

　その後，一部では強固に残存しているようではあるが，我が国における談合構造は崩壊の一途を辿るようになる。全国的な低価格状態が続き，地方自治体では最低制限価格に張り付く事態が頻発した[142]。公共工事品確法の下，公共工事分野において総合評価方式の採用が原則化されることとなったが，国の機関あるいは独立行政法人等，総合評価方式を原則的に採用している発注者は，国土交通省等一部機関を除けばそのメリットを生かし切れていない状況にあり，事務的負担が増えているという印象ばかりが持たれているようである。また地方自治体においてはそもそも総合評価方式の採用頻度は低く，最低価格自動落札方式を採用したままでの競争激化の状況に陥っているのが現状である。

　一方，競争性が働きにくい場面に形式だけの競争を導入したことの弊害も目立つようになってきている。その象徴的な例が一者応札である。一者応札は，システムのメンテナンスのように随意契約から（一般）競争入札に切り替えた分野で多発している。この場合，競争入札にかかるコスト分が負担増になり，総合評価方式を採用すればその分だけ負担増になる。また，随意契約であれば価格交渉の余地があるが競争入札の場合にはその余地がなく，一者応札が予測される場合には却って発注者にとって不利な結果となる恐れも否定できないものとなっている。

　このような状況を受けて 2011 年，2009 年の政権交代後に発足した行政刷新会議によって開催された「公共サービス改革分科会」の報告書において，形式的な競争主義からの脱却が謳われるに至ったという点については

140　2005 年改正前後の入札談合に対する公正取引委員会の処分件数の推移を見ると，2005 年度まで一年間で 10～30 件程度あった（1999 年度から 2005 年度まで順に，18 件，10 件，33 件，30 件，14 件，22 件，13 件）ものが，2006 年度には 6 件，2007 年度は 14 件，2008 年度は 2 件，2009 年度は 17 件，2010 年度は 4 件であった。もちろん，表面的な件数の比較だけで議論ができる訳では到底ないことをここで断っておく。

141　2009 年独占禁止法改正で，排除型私的独占と不公正な取引方法の一部類型に課徴金が課されるようになった。

142　そうでないところも一部残存している。

既に指摘したとおりである[143]。

郷原信郎は，独占禁止法改正論議が盛り上がる中，反談合キャンペーンが最高潮に達していた 2004 年に公刊した『独占禁止法の日本的構造』[144]の中で，入札談合の問題はその非競争性よりもむしろその不透明性にこそ存在すると指摘していた。公共調達において競争は手段であり，目的ではない。最も効果的に公共調達の目標を実現するために，競争的手段と非競争的手段とを組み合わせればよい。非競争的手段は法令の形式との乖離が生じるので採用できず，実態を不透明にすることで現実的な要請に応じようとした。これが日本の談合構造の本質だと指摘する[145]。

現在，我が国の公共調達においては競争主義の弊害が批判されるようになっている。競争性の確保を維持しつつ良好な帰結を獲得できるようにその過程の適正化を図る取り組み，あるいは場合によっては透明性を確保しつつ非競争的手段を敢えて採用するという「勇気ある撤退」が模索されている。今，法令と実態とが乖離していたといわれる過去の公共調達において，受発注者間，受注者間の不透明な関係に隠されてきた現実に真摯に向き合うことから始めなければならないのではないだろうか[146]。

第5章　回顧と展望：「貸し借り」構造からの脱却

これまで，我が国における公共調達分野の最大の課題は，入札談合の防止にあった。「談合天国」とまでいわれるくらいに，談合的構造は我が国に蔓延してきたということは，当然発注者はオフィシャルには認めないものの，公共調達に関係した者もそうでない者も（もちろん報道機関も），

143　本著序Ⅲ参照。ただ，2011 年 3 月の東日本大震災以降，政権が公共サービス改革の狙いとして「支出削減」ばかりを念頭に置くようになった結果，非競争性による非効率性が再び強調されている。
144　郷原・前掲注(18)。
145　以上，同前 161 頁以下。
146　WTO-GPA が改定（2011 年 12 月）されたり，政府調達にも影響がある環太平洋

誰もが程度の差こそあれ認識してきたことである。既に触れた「旧来のしきたりとの決別宣言」は，そういった共通了解が表面に現れたという点でいくつかの重要な意味を含んでいる。

　第一に，これは表面的には法令違反の吐露に他ならないということである[147]。ここで「表面的」という言葉を用いるところに重要な含意がある。

　第二に，従来公共調達（公共工事）分野で恒常化してきたのは，談合だけではないということである。上記決別宣言では，「談合はもとより様々な非公式な協力など旧来のしきたり」という表現が用いられている。この非公式な協力とは一体何か，旧来のしきたりとは一体何か，を理解しなければ入札談合がどのような意味を持っていたかを理解することできない。

　第三に，談合（を含む旧来のしきたり）と決別する理由が，公共調達（公共工事）分野における環境変化にあるということである。それは会計法令それ自体を見直し，適正な競争環境の整備が進展しつつあるということである。そういった環境変化を捉えなければ公共調達改革は展望ができない。

　談合防止のための制度設計だけを考えるのであれば，問題は単純である。違反を躊躇するのに十分な程度の制裁（不利益）を科し（課し），摘発を容易にするために自主申告制度を導入し，競争制限行為である入札談合が困難になるように契約者選定過程における競争性を高める制度設計をすればよい[148]。しかし，より難しい問題は，談合防止の問題はそれだけ単独で存在するのではなく，公共調達（公共工事）分野全体の問題とのかかわりにおいて議論されなければならないという点にこそ存在する[149]。

　会計法令上，公共調達における契約者選定過程は競争を基調とするものであり，独占禁止法上，入札談合を適用除外にする規定は存在しない。入札談合が社会的に望ましい効果を有するが故に違反にならない[150]と主張

　　戦略的経済連携協定（TPP）の交渉が進んだりと，最近動きが活発になってきた。
147　もちろん，談合が現在において程度の軽い違反であるといっている訳ではない。これまで「表面的には違反」と扱われてきたことの問題性を指摘している。
148　2005 年独占禁止法改正の狙いはそこにあった。
149　同様の指摘として，栗田誠「独占禁止法による入札談合規制の展開：公取委敗訴事例を素材に」ジュリスト 1438 号 35 頁（2012）参照。
150　カルテルでは「ハードコア」「非ハードコア」に区分けされるが，「非ハードコア

する独占禁止法研究者は皆無である[151]。刑法上の談合罪も，大津判決以降しばらく鳴りを潜めていたが，談合金の授受とは無関係に入札談合を違反とする実務が現在ではとられている。現在では，入札談合は必要悪などではなく，議論の余地のないほどに「絶対悪」として扱われている[152]。

脱談合の時代における公共調達制度の課題を「競争性の確保」だけに設定することは妥当だろうか。確かに脱談合を実現するためには，随意契約や指名競争入札を廃し真に競争的な一般競争入札に移行することが有効である。しかし，脱談合のみで公共調達の課題が解決される訳ではない。むしろ，脱談合によって公共調達の新たな課題が生み出されると考えるのが正しい理解ではなかろうか。旧来型の公共調達において談合的構造は公共調達の他のさまざまな仕組みとマッチして一定の社会的機能を果たしてきた，と考えるならば，脱談合時代における課題はこのトータルでの公共調達の仕組みづくりにあるのであって，脱談合のみにある訳ではないはずだ。そのヒントが上記の旧来のしきたりとの決別宣言に見て取ることができる。

少し前までは，非競争的，協調的な事業活動こそが社会的に望ましい結果を生み出すという，独占禁止法と逆行する考え方が，少なくとも公共調達分野では強く支持されてきた[153]。それは必要悪とされる入札談合を正当化する論理に他ならない。業者側には一定程度の受注が保証され安定した経営を続けられることこそが，発注者側への諸々の協力の前提にあり，それは公共調達の目的実現という観点から社会的に望ましい帰結を生み出してきた（もちろん，発注者側の自己都合的な側面もある。無謬性の体裁を

談合」なるものは概念されない。発注者が定めた競争ルールそれ自体を絶対視しているからである。
151　いくつかの独占禁止法上の談合事件では，入札談合が公共の利益に反しない旨の主張が事業者側からなされることがあるが，その主張が裁判所に受け入れられることは皆無である。この点については後述する（第3部第2章第6節）。
152　談合を「絶対悪」視するか否かはその時々の世論形成に依存するものであり，実際に法令違反とするか否かはその時々の法解釈や事実認定に依存するものである。少なくとも現在においては，社会的にも法的にも入札談合を一切認めない考え方が支配的である。
153　前記大津判決はまさにそれを象徴するものであった。牧野良三『競争入札と談合』（1984），内山尚三『談合問題への視点』（1988）も参照（いずれも入札談合の合理的な側面を指摘）。

整えたがるという発注者側の行動原理，行動制約は決定的である)。しかし，このことは競争を手続的な，あるいはそれ自体価値として扱う独占禁止法の考え方と抵触することとなり，このジレンマが，入札談合を積極的に摘発しないという公正取引委員会の過去の実務に反映することになったのではないか。そこに「必要悪」という撞着用法を生み出す背景があったと考えることができよう。

　旧来型の公共調達の特徴を一言でいうと，官民間，民民間の非公式な協働構造を持っていたということである。(官製) 談合的構造といってもよいかもしれない。独占禁止法違反，刑法犯の対象となる入札談合は，全体的構造の一部である。厳格な競争と透明な契約を基調とする法令の要請する公共調達とは相反する原理によって公共調達は規律されてきた，といえる。

　一連の改革が目指したのは，この法令と実態との乖離を解消することであった。会計法令が原則とする一般競争入札を実務上も原則化し，2000年の公共工事入札契約適正化法制定以降，加速的に契約内容と契約過程にかかわる情報公開を各発注者は充実させてきた。日米構造問題協議以降，入札談合に対する摘発は積極化され，違約金特約や指名停止措置も強化された。その結果，発注者は，「競争の適正化」という新たな課題に直面することになった。

　競争入札においては，当然のこととして，そこでの競い合いが公共調達の目的実現のために機能するようにルールが設定されなければならない。特定の業者が不当に有利になったり，不利になったりすることがないように，競争の公正さが厳格に維持されなければならないのである。もちろん調達目的との関係で特定の業者 (群) のみが受注者として相応しい場合もある[154]。あるいは総合評価方式において特定の業者にとって有利な非価格点が設定される場合もある[155]。問題は，そのような優劣が生じることでは

---

[154] 特許が絡んだり，必要とされる技術を有する業者が限定されていたりするような場合はそれにあたる。そのような場合，随意契約が用いられたり指名競争入札が用いられたりする。
[155] そもそも，最低価格自動落札方式であっても，調達対象によっては特定の業者が

なく，そのような優劣が不公正に生じる場合なのである。

　官民間，民民間の水面下での協働という旧来的な公共調達の仕組みから脱却できない発注者は，指名に代わる他の「囲い込み」手法を用い，「貸し借り」の構造を維持しようとするであろう[156]。入札参加資格の設定を工夫すれば，意中の業者（群）に応札業者を絞り込むことができる。地域要件やランク制はそのように用いられる場合がある。総合評価方式において付帯的政策を考慮した非価格点の設定によっても，このような囲い込みは可能である。そういった傾向は地方になればなるほど強いように思われる。今後も旧来的な入札談合（少なからぬ比率で官製談合）が残存することだろう。

　「囲い込み」の発注者にとっての最大のメリットは受注（候補）者からのさまざまな協力を引き出すことができる点にある[157]。いわゆる「汗かき」といわれる行為は，協力と受注とが密接に関係するものであり，仕様書作成や予定価格作成段階における協力行為が受注に向けた「汗かき」となる場合もあれば，長期的な貸し借りとしての協力行為のような場合もあろう。

　一連の公共調達改革によって「囲い込み」ができなくなると，発注者にとって「貸し借り」の一環としての協力行為が受注（希望）者側から期待できなくなる。しかし，発注者によってはこのような協力に依存し続けなければ発注事務をこなせないところもあるかもしれない。そのようなところは官民間での不透明な協働関係を続けざるを得ず，それは入札の公正さを害す行為として扱われることとなろう。

　今までは一見無償の協力行為に見えるものが，これからは明確な対価による結び付きが要求されるかもしれない。それが契約等を通じて透明になされなければ当然入札妨害行為とされるリスクを高めることになる。贈収賄，背任，場合によっては独占禁止法違反を構成する犯罪ともなろう。

　この「囲い込み」「貸し借り」の構造からいかに脱却するか，が公共調

　　コスト上有利な立場にあるのであれば，当初から業者間での有利不利の差が付いてしまう。
156　そこに不正・癒着の温床が生き残り続けるだろう。
157　どのような協力かはもちろん事情によるので，ここでは「さまざまな」としか述べることができない。

達改革における本質的課題のひとつとであるということは、もっと強調されてもよいと思う。

第2部

競争的公共調達制度の検討

はじめに

　我が国の公共調達改革の本質を一言でいうならば，非競争的手法から競争的手法への移行であり，それは乖離していた法令と実態とを接近させる作業であると言い換えることができる。既に見た金本良嗣の指摘のように，「指名競争」「予定価格」「入札談合」の三点セットによって支えられた我が国の公共調達は，そもそも反競争的状況下で機能しない最低価格自動落札方式を画一的に用い続け，形式だけの競争を演じさせてきた（最低価格自動落札方式も含め，四点セットと呼んでもよいかもしれない）。

　しかし，入札談合を防止するために指名競争入札を廃止すれば三点セットのうちの二点が消え，残る予定価格も落札価格との乖離が大きくなればブレーキとしての役割を果たす必要もなくなる。予定価格制度自体は法令で定められていることであり立法なくして廃止はできないが，三点セットとしては無意味化することになる。この三点セットの破壊こそがこれまでの公共調達の課題だったということになる。

　しかし，非競争から競争への移行はこれまで存在しなかった，あるいは潜在的なものだった問題を発生させたり，顕在化させたりすることとなる。これまで「囲い込み」「貸し借り」の中で，また予定価格での契約を保証することで公共調達の目標を実現してきたものが通用しなくなり，競い合いそれ自体のみによって，また予定価格での契約が保証できない中で実現しなければならなくなった（法令の要請からすれば当然のことではあるが）。入札参加資格の設定や総合評価方式の利用等で発注者は頭を悩ませるだろう（実際にそうなっている）。目標の実現を確実にしたい発注者は低入札価格対策を工夫しなければならなくなる。手抜き工事，粗悪工事といった問題へのモニタリング・コストが増えるかもしれない。貸し借りが効かないので紛争が増えるかもしれない。また，予定価格での契約が当たり前だったときには潜在化していた公共調達を通じた社会政策の実現の是非も，競争が活発化しコスト意識が高まれば問題が顕在化することとなろう。

独占禁止法の側を見ても、談合構造が崩壊する一方で一部では入札談合が巧妙化するかもしれない。違反に対する不利益賦課の程度が重くなれば争われるケースも増えるだろう。競争環境の変化により、競争を停止するタイプの入札談合から他者を排除するタイプ違反のトレンドがシフトするかもしれない。具体的には、発注者への不正なアプローチによる私的独占規制違反、ダンピング行為による不当廉売規制違反等である。その他、受発注者間に存在する取引上の優劣関係の下、優越的地位濫用規制違反が問われる場面も顕在化するかもしれない。競争環境が変化し続ける中、独占禁止法違反の展開を読みつつ、あり得るケースの予測、あり得る論点、争点のチェックを予め行なっておくことは有益であるに違いない。

以下、第2部では会計法令とその関連分野を対象とし、第3部では独占禁止法とその関連分野を対象とする。

第1章　準備作業：公共調達分野における競争とその規律の構造

第1節　競争の意味と意義

官公需の調達活動は、言い換えれば契約活動である。公共工事はかつては直営で、調達の対象は資材や労働力であった[158]。その後、請負契約となり、今ではPFI(Private Finance Initiative)契約のように工事請負と業務委託がパッケージになった契約もある。いずれにしても調達活動は、あくまでも契約を通じたそれであり、官民間の関係は、発注者と受注者という契約当事者間の関係である[159]。

158　西牧均「公共調達の変遷と今後の展望」国土交通省・国土技術政策総合研究所編『国総研アニュアルレポート2006』(http://www.nilim.go.jp/lab/bcg/siryou/2006annual/annual016.pdf) 等参照。
159　公共契約であっても私人間の契約として民法による規律を受ける。民法と地方自治法上の契約に関する規定は、一般法、特別法の関係にある（塩野宏『行政法Ⅰ［第5版］』(2009) 189頁以下参照）。

契約に際しては，契約者を選ぶ手続が必要になる。契約手続は会計法令で詳細に規定されている。そこで基調となるのが「競争」である。

競争 (competition) という言葉を辞書で引くと,「ある個人（集団）が目標達成に近づけば，それによって他の個人（集団）が目標達成から遠ざかるような関係の下で，そのような目標達成を追求しようとすること」といった説明がなされることが多い。市場経済を前提とするならば，複数の売り手が同じ買い手の獲得に向けて努力するということ，あるいは複数の買い手が同じ売り手の獲得に向けて努力することをいう[160]。公共調達分野における競争とは専ら後者の競争が問題にされている。では，何故に競争は望ましいとされるのか[161]。以下，考えられるものを列挙してみよう。

A. 公共調達の目標実現のための手段的価値
B. 中立性
C. 透明性

A. 公共調達にかかわる会計法令の諸規定の趣旨は支出される費用の有効利用（経済性，効率性）であって，競争の価値は手段的なそれに過ぎない。

---

160 独占禁止法には「競争」の定義（2条4項）が置かれており，そこではこう書かれている。

　　この法律において「競争」とは，2以上の事業者がその通常の事業活動の範囲内において，かつ，当該事業活動の施設又は態様に重要な変更を加えることなく次に掲げる行為をし，又はすることができる状態をいう。
　　1. 同一の需要者に同種又は類似の商品又は役務を供給すること
　　2. 同一の供給者から同種又は類似の商品又は役務の供給を受けること

　この定義規定が独占禁止法上の違反要件にどのような意味を持つのかについては諸々の議論があるが，いずれにしても，経済的（経済学的ではない）な意味での競争が，同じ売り手，あるいは同じ買い手をめぐって複数の買い手，あるいは売り手が獲得しようと努力することを意味するということについて，異論はなかろう。

161 独占禁止法分野において，このような関心事から書かれたものとして，楠茂樹「独禁法における「競争」の理解及び「競争」とルールの関係についての検討（一）：ハイエク競争論及びルール論の視点から」，同「（二）・完」論叢147巻3号71頁以下，149巻2号59頁以下（2000-2001）参照。

B. 会計法令が競争性を要請する理由のひとつに，それが発注者側の恣意性を排除できる，という意味での中立的な手続だからというものを考えることができる。確かに，場合によって非競争的な手続を用いることによって競争的な手続よりも効率性が向上するかもしれない。しかし，競争的な手続では（例えば，最低価格自動落札方式では「安さ」の競争である），競争的であるという意味において発注者の恣意性は働かない。発注者の恣意性は，公共調達の受益者たる国民，住民の利益を犠牲にした，発注者側（あるいは担当職員）の自己利益の実現に結び付きやすい。競争は仮に非効率な契約者選定の手続であったとしても，中立性の維持という観点から優れた手続であるという理解は可能である[162]。

C. 競争性と透明性を同一視して，これを競争の価値であるという理解があり得よう。すなわち，競争原理とは取引相手のニーズをよりよく満たすことによって勝ち残ることができるという市場の原理であり，これは競争に基づかない取引相手の選択よりも透明な手続であると考えることができる。何故ある取引相手が選択されたのか，というメカニズムが解りやすいからである。行政の活動である公共調達における重要な規範要素が透明性であるならば，競争性の確保はこの要請に応えるものということになる[163]。

第3部で独占禁止法における競争の価値について考察する際，この問題を再び取り上げることとしよう。

第2節　官製市場

公共調達市場，すなわち官製市場における競争構造は，その他の市場とは性質上，異なる点がある。

第一に，公共調達においては，買い手である発注者間の競争は予定され

---

[162] 競争的な手続であっても恣意性の危険が指摘されることがある。例えば，総合評価方式における非価格点の設定がそれである。

[163] 競争を透明性を同一視する見方は，競争入札の一部分だけを眺めている（例えば，最低価格自動落札方式が採用された場合の価格競争）からいえることでもある。応札業者間の優劣を決める要素が非価格である場合，その不透明性が懸念されるところであり，その際透明性をどう確保するかが課題となっている。

ていない，ということである．買い手である発注者は，売り手である業者側の競争によって一方的に利益を享受する立場にある[164]．

第二に，競争者からの圧力がない場合，一般に取引相手に対して有利な状況にあるといえ，自らに有利な取引条件を取引相手から引き出すことができる立場にあるといえるが，発注者にはそのインセンティブに欠ける傾向がある．何故ならば，自由市場における競争圧力にさらされている企業とは異なり，公的機関である発注者には非効率な財政支出を抑制するメカニズムが十分機能していないからである[165]．

第三が，そうであるが故に，発注者は会計法令上の手続に従って契約者を選定することが義務付けられており，原則競争的（それも価格のみの判断基準で）にそうしなければならない，ということになっている．競争者からの十分な競争圧力がある場合，あるいは十分なコスト抑制動機がある場合には，そのようなルールが存在しなくとも，必然的に（相手方との）競争的な契約締結を目指すであろう．しかし，そのような動機付けが発注者には不十分なのである[166]．

第四に，一方で，官公需の特性上，受発注者間に優劣関係が生じやすく，優位な地位にある発注者が不利な地位にある受注者に対して不利益を押し付けることもあり得るため，その場合の法的対応も問題となる[167]．

価格の競争では価格は低下し，質の競争では質は向上する．より効率的な公共サービスを国民，住民に提供しようとするならば，契約者選定過程における競争手続を用い，そこから得られる成果を最大化しようと工夫す

---

[164] 業者がある特定の発注者の競争入札に偏ってしまい，ある発注者の競争入札において応札者ゼロとなるという事態はあり得，実際上競争が存在しないとは言い切れない．
[165] 金本良嗣「公共調達制度の課題」ファイナンス41巻2号65頁以下（2005）等参照．
[166] しかし，ルールが逆の結果を生む場合もある．金本は，このルールによる発注者の規律について，「規則（法令）によって発注者の裁量権を縛るアプローチの最大の問題は，規則さえ守っていれば，コストダウンの努力をする必要がないという風土を生んでしまうことである．日本の公共発注の現場にはこの種のメンタリティーが根深く，これが実は最大の問題である．」と指摘する（同前66頁）．
[167] 独占禁止法でいえば優越的地位濫用規制の問題である．発注者が独占禁止法の違反主体となり得るかは，ひとつの論点である．この点については後述（第3部第1章第2節参照）する．

ることが求められる。会計法令上の要請はそこにある。

　もちろん一般論として競争は望ましいものであるが，だからといって競争が万能であるという訳では必ずしもない。競争は常に最善の解を保証しない。出血競争の結果，業者が総崩れになり必要な調達が不可能になるという事態がないとは限らない。そこまでいかなくとも，ダンピング合戦の結果，質の低下が懸念されるということは大いにあり得る話である。法的規制等何らかの障壁が存在するが故に，競争させても非効率的な業者が有利になる場合もあろう。競争が望ましい帰結をもたらすという一般的な傾向を，具体的成果に結び付けるためには，競争は何らかの形で管理（マネジメント）されなければならない[168]。公共調達でいうならば，それは独占禁止法のような受注者（その候補者，あるいは関連業者）の行動ルールに基づくものもあれば，会計法令のような発注者の行動ルールに基づくものもある。

　官公需において競争のルールを決めるのは発注者である。民間市場であれば競争のルールを決めるのは特定の事業者（群）ではない。市場による規律は常に競争的であろうとするが，場合によっては競争が歪められることもある。そこで市場においては独占禁止法等の一連の法的ルールによって，競争が維持される，あるいは適正化されるように規律される。どのような法的ルールが形成されるかは民主的なコントロールに服するのであって，取引の当事者の一方が決めるものではない[169]。

　発注者は，当該調達分野をひとつの市場と考えるならば，（買い手としての）独占者である。調達対象にも拠るが，少なくとも公共工事分野の多くでは，売り手の立場にある業者は（民間を含む）他の発注者との比較選択を行うことが不可能か，困難な状況にある[170]。単純に考えれば，発注者は競い合いのルールをより競争的なもの，適正なものにしてそこから得

---

[168] この観点から書かれたものとして，楠茂樹「公共工事法制の再検討序論：マネジメントの視点から考える」産大法学39巻2号1頁以下（2005）がある。
[169] 大企業あるいは影響力のある企業による政治的なかかわりは別の問題である。
[170] 売り手の方が取引関係上優位に立つ場合もあり得る。例えば一部の防衛関連調達やシステム調達などはそうかもしれない。

られる成果を最大化しようとするだろう。そうであれば会計法令の縛りなどなくてもよくなるだろう。しかし，発注（担当）者は法令の縛りなしで期待されるような行動をするとは限らない。国民，住民と発注（担当）者との間には後者が前者の財産を預かり，その利益に適う行動をするような委託・受託的な関係があるが，民間企業のような市場圧力がなく報酬によるインセンティブ付けに欠けているからである[171]。つまり，最も望ましい契約の手法を決めるのは発注者自身ではなく，会計法令が発注者を拘束する，という形をとる必要があるのである（もちろん，その範囲内での裁量を発注者は有している）[172]。

第3節　競争の多面性

公共調達における契約者選定手法の会計法令上の原則は，競争に拠ることである。競争入札と随意契約の区分では競争入札が原則であり，一般競争入札と指名競争入札では一般競争入札が原則となっている。法令の書かれ方を見る限りでは，この原則・例外関係は厳格である[173]。

確かに，制度の表面だけを見れば競争入札と随意契約では競争入札の方が競争性は高く，一般競争入札と指名競争入札とでは一般競争入札の方が競争性は高いと捉えられがちであるが，実際上は競争入札よりも競争的な競争的随意契約というものが存在するし，また一般競争入札よりも競争的な指名競争入札もある。結局，誰に，何を，どう競い合わせるのか，というスキーム作り次第でその競争性が決まるのであって，契約者選定手法の枠組みだけでは判断することができない。実務を見る限りでは，一般競争入札とほぼ同じ扱いの指名競争入札（例として東京都の希望制指名競争入札[174]）もある一方，地域要件等を厳格にして競争性の著しく欠ける指名

171　住民監査請求（地方自治法242条），住民訴訟（同242条の2）を通じたコントロールは可能であるが，その実際上の効果には自ずと限界がある。
172　発注部署あるいは担当者のコスト削減の成果を表彰する制度はひとつの案ではあるが，より直接的には人事であろう。しかし，計画通り予算を消化しなかったことをネガティブに見る姿勢それ自体が改まらなければ，何も改善しない。
173　とはいえ，本著注(57)参照。

競争と変わらない一般競争入札を行っている例もある。一般競争入札を採用しても，地域要件等の入札参加資格次第でどれだけでも競争性を骨抜きにすることができる。もちろん，入札参加資格の設定は競争手続における必須の要素であり，入札参加資格を設けない無限定な競争入札が良好な結果を生み出すとは限らない（法令上義務的な入札参加資格の設定もあるので，厳密に参加条件のない競争入札はあり得ない[175]）。また契約者選定過程において発生するコストがゼロであると仮定できるならば競争者は多ければ多い方がよいという単純な発想ができそうではあるが，実際においては手続上のコストを無視することはできない。応札者，応募者の数が多ければ多いほどその分手続上のコストがかかる。一業者当たりにかかるコスト次第ではあるが，最初から応札（応募）可能業者の範囲を限定した方が良い結果となる場合もある。一般競争入札におけるこの要請は一般競争入札と指名競争入札とがそれほど異ならないものになることをよく表すものとなっている。つまり，指名競争入札における指名は一般競争入札における入札参加資格設定と同様の要請に基づくものであって，唯一の違いは，応札可能業者の「枠」を決めるのか，応札可能業者「それ自体」を決めるのか，という点にあるに過ぎない。指名競争入札が不正，癒着の温床になるというのであれば，同様の問題は一般競争入札においても発生し得るものであるということは容易に察しが付くだろう。

　ここ数年の公共調達の顕著な傾向として，競争対象の多様化を挙げることができる。国の公共工事を例に挙げると，指名競争入札が一般的だった時代においては最低価格自動落札方式が一般であったが，一般競争入札の

174　東京都が有識者を集めて開催した「入札契約制度改革研究会」の報告書（2009年10月）では，東京都の希望制指名競争入札について，「一般競争入札と同様に入札参加希望者を公募したうえで，東京都発注工事の受注状況，過去の工事成績，地理的条件などからなる指名基準に基づき原則10者を指名するとともに，10者に満たない場合には企業を追加指名するもので，透明性，競争性，工事品質を確保するため，一般競争入札と指名競争入札それぞれの長所を取り入れた仕組みであるとされている。ただし，指名基準や指名理由も公表しているとはいえ，制度上は発注者が指名するという裁量の余地が残されている。」（同研究会報告書6頁）と説明されている（http://www.e-procurement.metro.tokyo.jp/html/houkokuhonbun_20091023.pdf）。

175　「条件付一般競争入札」という呼び名には違和感を感じる。敢えていうならば「特殊条件付」あるいは「例外的条件付」の方が正確ではないだろうか。

範囲が拡大するに従って総合評価方式が普及し，2005年に公共工事品確保法が制定されるに至り，今では総合評価方式が一般的な方式となっている。地方自治体で総合評価方式が用いられるとき地域性が重視されることが多々ある。これは競争の有無や程度の問題ではなく競争の対象の問題である。

競争入札において指名競争入札と最低価格自動落札方式のセットから，一般競争入札と総合評価方式のセットへの移行が進むのと同時並行で，随意契約のあり方にも変化が生じてきた。業務委託分野を中心に，価格以外の要素だけで業者を競い合わせる企画競争型の随意契約の利用頻度が高まってきた。もちろん随意契約全体からすれば一部に過ぎないのではあるが，競争対象の多様化のひとつの傾向ではある。

以上の競争手続のあり方は，「競争の有無」「競争の（参加）条件」「競争の対象」といった視点での特徴あるいは区分であるが，それらに加え「競争の過程」という視点もある。これまでの競争入札の典型的な手続においては，予め固定化された仕様，設計に向かって最低価格を提示するという一方向的な競い合いが展開されてきた。そこには発注者と応札者との間での交渉は予定されていなかったし，応札者側から仕様，設計について提案を行うことも予定されていなかった。しかし，現在採用が積極化しつつある総合評価方式における技術提案の要求はそもそもの仕様,設計の作成（の一部）を業者側に委ねるものであるし，案件によっては技術提案内容について発注者と応札者との間で改善交渉を行う場合もある。VE(value engineering）提案や設計・施工一括（design-built）発注方式[176]なども，公共調達における「競争の過程」の新しい展開のひとつといえよう。契約過程における交渉はもともと随意契約の枠組みで行われてきたものであり，

---

[176] 高柳＝有川『官公庁契約精義』に拠れば，「VEとは…公共工事の入札・契約方式の改善・多様化の一環として，品質確保，コスト縮減等を図るために民間の技術力を一層広く活用する仕組みであ」り，このうち，「入札時に設計案等の技術提案を受け付け，設計と施工を一括して発注する方式」を「設計・施工一括発注方式」と呼んでいる（高柳＝有川・前掲注(57) 447～448頁)。なお，VEは「平成10年2月の中央建設業審議会建議において，新たな入札・契約方式として，これを導入することにより技術力による競争を促進することができるものとして示された。」(同前447

それは必ずしも競争性を伴うものではなかった。公共工事においてさえ競争入札が最低価格自動落札方式によってなされるのが一般的であったつい10年ほど前までは，競争入札の枠組み内で交渉を行うことは考えられてこなかった。事実，競争的な交渉方式に言及したものとしては比較的早い時期のものである，公正取引委員会「公共調達と競争政策に関する研究会報告書」(2003年11月) は，競争入札，随意契約以外の類型として競争的交渉方式の創設を提案していた。その後，競争入札における総合評価方式が公共工事では一般化しその中で発注者と応札者との間での改善交渉が行われるようになったこと，公共調達に関するEU指令 (EU Directive)[177]において競争的対話 (Competitive Dialogue) が採用され，それが我が国における指名競争入札に相当する制限的方式 (Restrictive Procedures) の一手法に位置付けられたこと等が背景となってか[178]，我が国でも官民間の交渉を競争入札の枠組み内で制度化しようという意見が見られるよう

頁）　日本語に直訳するとVEは「価値工学」のようになろうがそれだけでは意味が通じない。提案の対象となるVEとは「価値工学的な観点からValue for Moneyを達成する手法」を指す。

　なお，1959年1月の建設省事務次官通達「土木事業に係わる設計業務などを委託する場合の契約方式等について」以降，公共工事においては「設計・施工分離の原則」が採用されてきた。

177　Directive 2004/18/EC of the European Parliament and of the Council of 31 March 2004 on the coordination of procedures for the award of public works contracts, public supply contracts and public service contracts, OJ (2004) L 134/114.

178　交渉方式 (Negotiated Procedures) (Art. 30 and 31) は我が国でいう随意契約に相当する（それは非競争的なものを想定している）。EU指令においては，かつては競争的な契約者選定手法における発注者と申込者と間の交渉に関する規定は存在しなかったが，2004年に新しいEU指令を出す際，新たに競争的対話 (Art. 29) が盛り込まれた。この方式は，発注者と申込者が対話を重ねることを通じて提案内容をより充実したものにさせると同時に，最終的なオファーを出せる者を絞り込むものである。それは制限的方式に属する方式になる (Art. 29.1)。それは交渉の結果，最終的な申込みを行うことができる応札者がその段階で発注者によって絞り込まれている（入札参加資格を満たす者に開かれているものではない）からである (See Art. 29 (2), et seq.)。

　我が国会計法令には，交渉にかかわる手続は正面から規定されていない。競争入札の過程における交渉手続の規定がないので，例外的な場面で用いられる随意契約において交渉を行うのが通例だった。しかし，競争入札それも一般競争が実務においても原則化された現在において，競争入札における交渉の必要性が強く認識されるようになっている。公共工事分野における高度技術型の総合評価方式の枠組みにおいて交渉（技術提案の改善に関する受発注者間のやりとり）が行われるようになっている。しかし，法的に正面から交渉を位置付けた訳ではない。交渉の結果，申し

になった[179]。

第2章　競争入札と随意契約

第1節　競争性の観点から見た競争入札と随意契約

　競争入札は競争的で随意契約は非競争的であると，しばしば誤解される。また，一般競争入札は競争的で指名競争入札は非競争的であるとも，誤解される。確かに，前者は後者に対して競争的であるものとして利用されているのが通常であり，そのようなものとして期待されているのが一般である。

　しかし，法令上，競争入札のうち指名によって応札（可能）業者が決まるのが指名競争入札であり，そうでないものが一般競争入札であるというに過ぎない。かつて，指名競争入札の一般的な利用が談合構造を形成，安定化させてきたという批判があり，指名競争入札が非競争的なものであるという認識が持たれるようになった。それは指名競争入札を非競争的に利用してきたことを意味するのであって，指名競争入札それ自体が非競争的なものであるということを決して意味しない。指名競争入札を競争的に利用すればそれは競争的な契約者選定手法ということになる。

　随意契約は必然的に非競争的なものとなるのか。それは否である。公共調達における法令上の随意契約の位置付けは，契約者選定手法から競争入札を除いたもの，言い換えれば一般競争入札でも指名競争入札でもないもの，が随意契約と呼ばれるものになる[180]。競争入札であるためには入札という手続が必要であるが，とするならば，例え発注者が競争的に契約者

　　込み可能業者を絞り込むことで指名競争とするのか，一般競争を維持しつつ応札者との間で交渉を行う形にするのか，あるいは第四の類型を創設するのか，といったことについての立法論が問われることとなる。
179　神田秀樹＝大前孝太郎＝高野寿也「国の契約における権限・責任・職務分担のあり方：「交渉」と「分割発注」を例として」フィナンシャル・レビュー104号（2011）16項以下参照。
180　随意契約はしばしば特命随意契約と同視されるが，公募型のそれもある。

を選択したとしても入札という手続を踏まなければそれは競争入札ではなく，随意契約と呼ばれることになる。随意契約が非競争的と理解されているのは，いわゆる特命随意契約が念頭に置かれているからである[181]。

また，競争入札は競い合いの対象として必然的に価格を含むものとなっている[182]。すなわち，価格のみを競い合う最低価格自動落札方式あるいは価格とその他の要素で競い合う総合評価方式のみが競争入札の射程であって，価格以外だけで競い合うものは随意契約に分類されることになる（それは一般的に「企画競争」と呼ばれる）。非価格要素で一度競い合せ応札（可能）業者を絞り込んだうえで入札手続を実施する二段階選抜方式[183]がとられるならば，それは（指名）競争入札に分類されることになる。

第2節　一般競争入札が非競争的になる場合

一般競争入札は必ずしも競争的であるとは限らない。言い換えれば，競争性の欠如している一般競争入札というものを形作ることができる。実際，ある発注者が指名競争入札や随意契約を一般競争入札に移行したケースにおいては，実質，従来の指名競争入札や随意契約と然して変わりない状況のものをよく見かける。

一般競争入札を指名競争入札に実質的に近づける手法は，指名競争入札における指名がどのようになされている（なされてきた）かを想起すれば

181　しかしそうであっても，数ある候補者の中から適当と思われる業者を選んだうえでの特命随意契約なのであれば，それはなおも競争的であるということになる。一般消費者を含む民間における契約者選定手法は一般的にそうなのではなかろうか。
182　競争入札は，最低価格自動落札方式（会計法29条の6第1項），総合評価方式（同第2項）のいずれかしか用意されておらず，価格を競争の対象としない競争入札は存在しない。
183　「二段階選抜方式は，まず技術資料（同種工事の実績等）や簡易な技術提案に基づき競争参加者を数者（例えば3者程度）に絞り込んだ後（一次審査）に，詳細な技術提案の提出を求め，契約の相手方を決定（二次審査）する方式である。」「本方式は，入札に参加する者を選定することから指名競争入札となるものであり，従来から実施してきた公募型指名競争入札における総合評価方式において，提出を求める技術資料や指名業者数を見直すことにより対応可能と考えられる。」(国土交通省・公共工事における総合評価方式活用検討委員会「公共工事における総合評価方式活用検討委員会報告（2007年3月）」(http://www.nilim.go.jp/lab/peg/siryou/sougou/iinkai/h18sougou-chuukan01.pdf))

自ずと明らかになる。指名競争入札における指名は通常，指名業者の候補リストの中から諸般の事情を考慮して行われるものであり，指名業者の候補リストは業者の規模や地域性を考慮して作成される。つまり，一般競争入札でも業者の規模や地域性を考慮して入札参加資格を的確に設定すれば，実質上指名競争入札と変わらない状況を作出することができる。仮にアウトサイダー的な業者がそういった形式面だけから排除できないのであれば，その他の条件で当該業者の不利な点を探し出し，当該業者が参入できないように入札参加資格に盛り込めば排除は可能となる。

公共工事分野において契約規模と業者規模とを入札参加資格設定の段階でマッチングさせることは競争入札においては一般的な対応である。これは「ランク制」と呼ばれ，実務上，獲得された経営事項審査数値等によって区分されている。業者が拠点とする地域を入札参加資格に盛り込むことは地域要件の設定と呼ばれる[184]。

一般競争入札が競争性の面で随意契約と変わりがなくなる場面とは，競争入札を行っても予想される応札者数が一者の場合である。例えば，システム・メンテナンスの調達でよく見かけるものである。ある業者が構築したシステムを他の業者がメンテナンスするのは困難か，可能であっても元々の業者が行うよりも割高になるのが一般である。このような場合，予想されたように，競争入札を行っても応札者が一者となる。一者が予想されて，結果として当該一者と契約することとなる競争入札は競争性の確保という意味では特命随意契約とほぼ変わりはない状況にあるといえる[185]。

第3節　一般競争入札は効率的か

特命随意契約でも一般競争入札でも，結果的に一者中一者なのだからどちらを採用しても効率性は変わらないという見方もあるかもしれない。しかし，競争入札の場合は随意契約の場合と異なり価格の交渉ができない。

184　本著第2部第4章第4節参照。
185　これを報じるものとして，日本経済新聞2011年11月30日朝刊42頁。

競争入札においては開札段階において一定の条件を満たした最低価格，あるいは価格その他の要素の総合評価において最高点を獲得した業者が落札することになっている[186]。

一方，随意契約においては受発注者間での交渉が許されている。それは随意契約が競争入札の手続に囚われないことから必然的に導かれる結論である。発注者は，特定の一者のみを候補者とする場合であっても価格その他の要素について自らにとって最も有利な条件を引き出そうと努力することができる[187]。その分，随意契約の方が望ましい帰結を得ることができるという見方ができる。

競争入札は競争という手続を用いることそれ自体で自己正当化を果たす点に特徴がある。開かれたものである以上望ましい帰結が得られていると見做し，その帰結の望ましさの検証をスキップしている。制度上，結果を問わないという事前の承認があり，だからこそ手続が定型化されているのである。しかし，それは複数の業者が競い合うという状況が想定されているからであって，当初から一者応札が予定されその通りの結果になった場合，そのような正当化は困難といわざるを得ない。

随意契約は，それが競争的であれ非競争的であれ手続が定型化されておらず，発注者は柔軟に契約を進めることができる分，競争入札のような自己正当化が許されない類型となっている。随意契約が選択された場合に競争入札よりも強い説明責任が求められるのは，それが競争入札のような検証をスキップしてもよいという事前の承認がないからだ[188]。

とするならば，一者応札が予想される場合には随意契約の方が優れた手続ということがいえそうだ。例外的手法であるが故に，受発注者間での交

186　契約条件が事後に変わることはある。
187　もちろん，当該発注案件における受発注者間の力関係で決まることになる。
188　随意契約に対する批判が強まる中，随意契約を用いた場合の説明責任を回避するために競争入札というアリバイを作ろうとする発注者は少なくない。しばしば，発注者は応札可能業者の存在を指摘することで競争入札を正当化しようとするが，応札の見込みが極めて低い業者の存在を意識しつつ競い合いの可能性を強調するのは制度を歪めるものである。後に見る「競争に付することが不利」の意味を詰める作業が必要だろう。

渉の過程を明らかにしたり，契約金額を含めた契約内容の適正さを明らかにしたりするなどの説明責任が発注者に課される[189]。競争入札であれば，上限価格としての予定価格についての説明責任さえ果たされていれば（このことが正面から問われることはこれまでのところほとんどなかった），発注者の手を離れたところで展開される競争それ自体が説明となるが，一者応札が予想される場合には説明責任を果たす場面が存在しないことになってしまうのである[190]。

第4節　契約者選定手法の守備範囲

　一般競争入札，指名競争入札，そして随意契約の守備範囲はどのようなものなのだろうか。これまでの公共調達改革は不正と癒着の根絶を改革の原動力にしたが故に，不正や癒着の温床となるといわれていた指名競争入札や随意契約を廃し，一般競争入札に切り替えることが目標に設定され，それが半ば自己目的化してしまった。これを支えたのが「競争はよい結果を生み出す」という否定し難い一般論であった。しかし，（競争性を高めることを何よりも改革の視点として重視する）一般競争至上主義ともいえるこれまでの公共調達改革のあり方が批判されるようになった今，改めてこの基本問題を考えるべきであろう。

　会計法29条の3は第1項で「契約担当官及び支出負担行為担当官…は，売買，貸借，請負その他の契約を締結する場合においては，第3項及び第4項に規定する場合を除き，公告して申込みをさせることにより競争に付

189　ただ，契約金額の妥当性について，業者側が情報開示を渋るという問題は残る。業者は積算の根拠や内訳を開示されることを嫌がる。競争業者あるいは民間における取引相手に知識を与えると事業活動上不利になるという事情があるのかもしれないが，合理性を欠く金額であることを第三者に知られることを嫌がっているのかもしれない。契約過程において発注者が特定の受注者に依存する度合いが強い分野においてそのような疑いがある。

190　一者応札が予想される場合であっても，事前に受注希望を他事業者にも確認するための公募を行い，複数の事業者による競争が可能となれば競争入札に，そうでなければ随意契約を行うという方式（参加意思確認型随意契約）も多くの発注者で採用されている。

さなければならない。」と定め，その第3項で「契約の性質又は目的により競争に加わるべき者が少数で第1項の競争に付する必要がない場合及び同項の競争に付することが不利と認められる場合においては，政令の定めるところにより，指名競争に付するものとする。」，その第4項で「契約の性質又は目的が競争を許さない場合，緊急の必要により競争に付することができない場合及び競争に付することが不利と認められる場合においては，政令の定めるところにより，随意契約によるものとする。」と定めている。

すなわち一般競争入札に付する実益に乏しい場合には指名競争入札が，一般競争入札，指名競争入札に付する実益に乏しい場合には随意契約がそれぞれ認められる[191]というのが会計法令の考え方なのであって，実益が乏しいにもかかわらず（一般）競争入札を利用するのであれば却ってコスト高となり，発注者に不利な結果を招くこととなる。

会計法令の規定の下一般競争入札の妥当する場面は，競争に加わるべき者が少数ではなく一定数以上の応札者が期待できることである。期待できる応札者が少数の場合には，公告による募集よりも，指名の方が手続上合理的であると判断される。何故ならば，予め競い合うべき業者が限定されており，それが発注者に知られているのであれば，それらの業者を発注者がダイレクトに指名した方が競争状況を効率的に作りやすいからである[192]。一般競争入札の場合，業者の適格性を入札参加資格によって確保するが，指名競争入札の場合，発注者の指名行為によって確保するという違いがある。指名の方が発注者にとってリスクの少ない方法であることは明らかである。もちろん指名競争入札の場合，探せばいるかもしれないより契約者に相応しい業者を入札手続から排除してしまうリスクはあるが，その点においては一般競争入札における入札参加資格の設定においても指摘す

---

191 会計法令の文言は，より強い表現になっている。
192 どの程度の少なさが指名競争入札の採用を正当化するかは法文上からは明らかではない。「契約担当官等は，指名競争に付するときは…競争に参加する者をなるべく10人以上指名しなければならない。」（予決令97条）の規定はひとつのヒントとなろう。

ることができる。不正，癒着の危険性においても同様のことがいえる[193]。

　随意契約が妥当する場面とはどのような場面か。会計法29条の3第4項にいう「競争を許さない場合」とは契約者になり得る業者がそもそも一者しか存在しない場合，具体的には特許等の独占的権利が付与されているような場合を指す。一方，「競争に付することが不利と認められる場合」の射程は広く，競争入札を用いることで獲得できるメリットと競争入札を用いることで生じるデメリットを比較衡量して，後者が前者を上回ることが十分に予想される場合には後者の手続を用いることを求めている。一者応札を受発注者ともに予想している場合ならば，契約内容についての交渉を前提とした随意契約を用いる方が，競争が機能しない競争入札を用いることよりも発注者にとって合理的な結果をもたらすであろう[194]。

　ここで注意しておきたいのは，会計法29条の3第3項，4項では「…指名競争に付するものとする。」「…随意契約によるものとする。」と定められており，同条5項が「契約に係る予定価格が少額である場合その他政令で定める場合においては，第1項及び第3項の規定にかかわらず，政令の定めるところにより，指名競争に付し又は随意契約によることができる。」と定めていることと比較して考えれば，3項，4項は裁量性がないものとして規定されていることが解る。すなわち，一般競争入札が指名競争入札よりもコスト高になり，競争入札が随意契約よりもコスト高になることが事前に判明しているのであれば一般競争入札ではなく指名競争入札，競争入札ではなく随意契約をそれぞれ採用することが発注者に義務付けられているのである。会計法令が定める例外的でない場合でないにもかかわらず一般競争入札以外の契約方式を採用することが会計法令に抵触するのと同様に，例外的場面であるにもかかわらず原則である（一般）競争入札を用いることもまた会計法令に抵触するということになる。

193　入札参加資格設定による恣意的な応札者の絞り込みの方が，間接的で手間がかかるので発注者にとって扱いにくいという点は指摘できそうだ。
194　具体的には，高柳＝有川・前掲注(57) 624頁以下参照。

第5節　目的と状況に応じた選択

　もともとの使われ方とは異なり，現在では契約者選定手法としての一般競争入札，指名競争入札，随意契約の位置付けは曖昧になりつつある。実質的に一般競争入札よりも競争性の高い指名競争入札もあり得る[195]し，競争性の高い随意契約というものも存在する[196]。法令が定めているのは，最低価格自動落札方式あるいは総合評価方式によって落札者を選出する入札手続を用いる競争入札か，そうではない随意契約かという相違，そして競争入札の応札可能業者を指名する指名競争入札とそうではない一般競争入札の相違であり，各手法が採用される優先順位についてである。

　契約者選定手法の多様化によって，発注者にはさまざまな状況に応じた柔軟な対応が可能になった。官製市場における競争状況を見極めながら，低コストで高パフォーマンスの競争的手段，あるいは場合によっては非競争的手段を用いながら，公共調達の目標を実現するように要請されている。もちろん，公共調達を規律するのは会計法や地方自治法だけではない。WTO政府調達協定のような国際協定から，閣議決定，省庁通達その他の行政指導のレベルのものもある。公共工事入札契約適正化法や公共工事品確法のような公共工事に限定されている法律もある。公共調達の目標実現は，これらの法的環境の中でなされることになる。

　発注者は，指名競争入札でいう「競争に付する必要がない場合」「競争に付することが不利と認められる場合」，そして随意契約にいう「競争に付することが不利と認められる場合」とは何かについて真剣に向き合う必要がある。公共調達における競争が機能していなかったかつては，（一般）競争入札の妥当する場面について十分詰めて考えられてこなかった。しかし，会計法令と調達の実態との乖離を解消し，競争原理を基調とした公共

---

[195] 各発注者が一般競争入札を原則化しつつある中，東京都は大部分の公共工事で希望型指名競争入札を実施している。しかし，それは実質，一般競争入札とほぼ変わらないものである。

[196] 最近では，「競争性のある随意契約」「競争性のない随意契約」といった言い方も定着してきているようである。

調達が求められる現在においてこそ、むしろ、競争がどのような場面で妥当し、どのような場面においては一定の条件付けが必要であり、どのような場面においては妥当しないのか、について詰めた議論が必要となるのではないか。

どのような契約方式においてどのような手続が認められるかについては、各契約方式を定める会計法令の解釈に委ねられる。例えば、競争的に交渉を行うことが現行の競争入札の枠組みで可能かについては見解が分かれるところであろう。上記2003年の「公共調達と競争政策に関する研究会」報告書[197]では、競争入札でも随意契約でもない第三（競争入札を一般と指名で分けるならば「第四」）の類型を創設することを提唱した。これは交渉を競争入札で行うことについて、解釈として困難を見出したからに他ならない[198]。なお、2011年の「公共サービス改革プログラム」[199]では競争的交渉についての言及があるが、「制度改正も含めて検討する」としか書かれておらず、どのような方式として行うべきか、それが解釈上可能なのか、立法的対応が必要なのかについては言及がない。公共工事分野における総合評価方式において行われている提案内容の改善のための対話も競争的な交渉であるといえ、これは競争入札の枠組みにおいてなされている[200]。交渉自体は公募に応じた者と行い、その中から応札者を指名をするという手続をとるのであれば指名競争入札ということになる[201]。

会計法や地方自治法に関し、一発注者がある契約方式におけるある手続の可否について単独で解釈し実行するのは困難かもしれない。結局は、するとしても随意契約の枠組みで行うことになるか、随意契約自体が批判されている現状ではなにもしない、ということになりがちである。国全体としての意思決定が必要になることがらである。

197　本著第1部第3章第2節第5款参照。
198　比較法考察の材料については、本著注(178)参照。
199　本著注(30)参照。
200　高度技術提案型に関する国土交通省他発注者の各種ガイドライン参照。
201　その場合、EU指令と同様の手続となる。

第3章 最低価格自動落札方式と総合評価方式

第1節 競争性の高まりと総合評価方式

　今でこそ公共工事分野において総合評価方式が原則化されているが，かつて総合評価方式は例外中の例外[202]として扱われており，最低価格自動方式がほとんどを占めていた。その点だけを見れば会計法令の原則と公共調達の実態とが一致しているようにも見えていた。公共工事分野で総合評価方式を原則化する 2005 年の公共工事品確法[203]は，何故このタイミングで制定されたのか。それよりも以前は会計法令の規定通り，最低価格自動落札方式が原則であって，総合評価方式は例外的な扱いを受けていた。もし総合評価方式でなければ適切な社会基盤ができないというのであれば，公共工事品確法制定以前から総合評価方式が妥当していたはずである。もしそうであるのに各発注者が会計法や地方自治法の規定通り，(公共工事においても) 最低価格自動落札方式を一貫して原則化してきたというのであれば，適正な社会基盤整備がなされてこなかったことを意味することになる。しかしそうではあるまい。

　では，何故ここ数年の間に公共工事分野で総合評価方式が原則化したのであろうか。これまでの記述からいえることは，指名競争入札が恒常化していたこと，そしてそれを背景とした官民協働構造が安定的であったことが，総合評価方式を採用してこなかったことの大きな背景であったということである。

　競争的手段ではなく非競争的手段によって公共調達の目標を実現しよう

---

[202] 我が国におけるコンピュータ製品及びサービスの政府調達の評価方法においては，一定額を超える案件について総合評価方式を採用することが，1995 年に政府決定されている (「日本の公共部門のコンピューター製品及びサービスの調達への総合評価落札方式の導入について」(1995 年 3 月 27 日，アクション・プログラム実行推進委員会))。これが我が国における総合評価方式の本格的利用の先駆けといえよう。
[203] 本著第 1 部第 3 章第 2 節第 6 款参照。

としてきたところに，かつての公共工事の特徴があり，その場合には最低価格自動落札方式は単なる形式に過ぎず，100％近い落札率が通常であった。要するに，予定価格通りの，すなわち計画通りの契約金額で，品質を競い合せなくても信頼できる業者に工事を請け負わせれば，発注者にとっての所期の目標を実現できるということになる。そこには官の無謬性が前提にされ，非競争的な実態に対する批判と改善の声が高まらず，競争による規律を求める法令との乖離が常態化していたのがかつての公共工事の特徴だった，といえる。最低価格自動落札方式が妥当していたのではなく，そもそもの競争入札が競争的でなかったということが，総合評価方式を積極的に採用しなかった理由であるという理解は，いくつかあるうちのひとつの理解として説得力を持つだろう。

　総合評価方式が最近になって採用されるようになったのは，指名競争入札から一般競争入札への転換，そして独占禁止法の強化によって，これまで公共調達を形作ってきた非競争的構造が解消されるようになったからである[204]。

　国の動きは早かったが，地方自治体の動きは未だに鈍いままである。その理由として，総合評価方式の行政コストを十分に負担できない状況にあるということも考えられるが，地域要件等の入札参加資格をうまく組み合わせることでかつての指名競争入札と同様の効果，すなわち安定受注を見返りにした「貸し借り」関係への囲い込みが可能となっているからかもしれない。ただ，独占禁止法の制度面，執行面での強化，入札談合に対する発注者による措置強化等から入札談合の業者側にとってのリスクが大きくなった現状においては，品質低下のリスクを抱えながらも多くの発注者は打つ手がないまま，あるいはそういったリスクに目をつぶって，「落札率が下がっても工事成績は下がらない」という通説に依存している状況にある[205]。

204　そういう観点から「旧来のしきたりとの決別」宣言（本著注(41)参照）を読むとその意味がよく解かるのではないだろうか。
205　著者はかつて，次のように述べたことがある（楠・前掲注（168）16頁（n.43））。

第2節　総合評価方式の制約

　会計法令上，総合評価方式は例外的な場合にのみに許容されている[206]。

　会計法29条の6第2項は「国の所有に属する財産と国以外の者の所有する財産との交換に関する契約その他その性質又は目的から前項の規定により難い契約については，同項の規定にかかわらず，政令の定めるところにより，価格及びその他の条件が国にとつて最も有利なもの（同項ただし書の場合にあつては，次に有利なもの）をもつて申込みをした者を契約の相手方とすることができる。」と定め，これを受けた予決令91条第2項は「契約担当官等は，会計法第29条の6第2項の規定により，その性質又は目的から同条第一項の規定により難い契約で前項に規定するもの以外のものについては，各省各庁の長が財務大臣に協議して定めるところにより，価格その他の条件が国にとつて最も有利なものをもつて申込みをした者を落札者とすることができる。」と定めている。つまり財務大臣との協議を通じて，例外的な場面における適正化を図ろうとしているのである。

　この予決令の規定にいう「財務大臣との協議」は必ずしも個別案件ごとの協議を要するものではなく，類型化された公共調達を一括して財務大臣と協議する包括協議，それに基づいたガイドラインに沿う限りで総合評価

　　　例えば，落札率と工事成績との間には「殆ど相関関係がない」，という統計分析が最近明らかにされた…。落札率低下が工事のクォリティーを低下させるものではなく，故に落札率が低ければ低いほどよい，と考える「落札率至上主義者」たちを活気付けている。これも単純化の一例である。…統計の取り方如何で違う分析もできるのではないだろうか。また，工事検査に合格した結果のみを見るのみならず，合格するまでのプロセスにも配慮するべきではないだろうか。更に言えば，低価格入札の状況が「長期間に渡り」継続した場合の帰結は無視してよいのであろうか。

　　　しばしば落札率至上主義者は「発注者側のチェックを二重，三重にすればよい」「不良工事を行えば出入り禁止にすればよい」と主張するが，そのチェックにかかるコストはいかなるものか（そのチェックによって本当に手抜きを見抜けるか），そもそも発注者側の人員増を前提にできるのか，あるいは採算を度外視して工事成績を維持している業者こそ早く破たんするのではないか，といった設問にも答えることが求められる。落札率至上主義者の言い分も理解はできるが，ものごとを単純化し過ぎていないだろうか。

206　調達対象によっては，実質原則化されているものもある。

が可能であると考えられている。包括協議を踏まえたガイドランとして，具体的には，「コンピュータ製品及びサービスの調達に係る総合評価落札方式の標準ガイド」，「情報システムの調達に係る総合評価方式の標準ガイド」，「工事に関する入札に係わる総合評価方式の標準ガイドライン」等がある。財務大臣との協議を個別案件毎に行うのはあまりに非効率であり，包括協議による総合評価方式の採用が原則的な運用となる。なお，包括協議が済んでいる類型の総合評価方式の利用は会計法令上の制約を既にクリアしているのであって，運用上原則化することも可能となる。

　一方，地方自治体はどうだろうか。

　地方自治法第234条3項但書は「ただし，普通地方公共団体の支出の原因となる契約については，政令の定めるところにより，予定価格の制限の範囲内の価格をもつて申込みをした者のうち最低の価格をもつて申込みをした者以外の者を契約の相手方とすることができる。」と定めている。これを受けた地方自治法施行令はその167条の10の2第1項で「普通地方公共団体の長は，一般競争入札により当該普通地方公共団体の支出の原因となる契約を締結しようとする場合において，当該契約がその性質又は目的から地方自治法第234条第3項本文又は前条の規定により難いものであるときは，これらの規定にかかわらず，予定価格の制限の範囲内の価格をもつて申込みをした者のうち，価格その他の条件が当該普通地方公共団体にとつて最も有利なものをもつて申込みをした者を落札者とすることができる。」と定め，地方自治体においても総合評価方式を採用することができる旨定めている。そして，同条4項，5項で「普通地方公共団体の長は，落札者決定基準を定めようとするときは，総務省令で定めるところにより，あらかじめ，学識経験を有する者…の意見を聴かなければならない。」（4項），「普通地方公共団体の長は，前項の規定による意見の聴取において，併せて，当該落札者決定基準に基づいて落札者を決定しようとするときに改めて意見を聴く必要があるかどうかについて意見を聴くものとし，改めて意見を聴く必要があるとの意見が述べられた場合には，当該落札者を決定しようとするときに，あらかじめ，学識経験者の意見を聴かなければな

らない。」（5項）と定め，有識者への意見聴取により総合評価方式の適正化を図ろうとしている。有識者へのヒアリングの仕方については，5項の規定を読む限りは有識者への個別案件ごとの聴取以外には考えられないが，4項を読む限りでは国でいう包括協議類似の対応が可能であるといえる。

　この規定のされ方の違いが地方自治体で総合評価方式が浸透しないひとつの理由となっている。つまり，例え，公共工事品確法が総合評価方式を原則化しようとしたとしても，地方自治法によって総合評価方式を例外的なものとなるように高いハードルが設定されていることが足かせになっているのである。そもそも総合評価方式は発注者にとって事務コストが高く，地方自治体には品質確保の要請を他の方法（入札参加資格設定等）で実現しようとするインセンティブが強く働きやすい[207]。地方自治体によっては，同じ有識者に対し多くの個別案件を一括して意見聴取しているところもあるようだが，その場合，有識者への意見聴取は形式的なアリバイ作りになってしまう恐れがある[208]。

---

[207] 地方自治体においては国土交通省が標準的に考える「技術的な工夫の余地が大きい工事において，発注者の求める工事内容を実現するための施工上の技術提案を求める場合は，安全対策，交通・環境への影響，工期の縮減等の観点から技術提案を求め，価格との総合評価を行う」（国土交通省国土技術政策総合研究所・公共工事における総合評価方式活用検討委員会「公共工事における総合評価方式活用ガイドライン」（2005年9月）（http://www.nilim.go.jp/lab/peg/siryou/sougou/iinkai/guide-line_honpen.pdf）1-2）タイプの総合評価方式ではなく，簡易型といわれる「技術的な工夫の余地が小さい工事においても，施工の確実性を確保することは重要であるため，施工計画や同種・類似工事の経験，工事成績等に基づく技術力と価格との総合評価を行う」（同）タイプのものが圧倒的多数を占めている。また，簡易型よりもさらに簡易なタイプである超簡易型（簡易型の評価項目のうち施工能力に関するものだけを評価対象とする施工能力審査型）も採用されている。そのような簡易な方法がありながらも総合評価方式が浸透しない原因を詰めて考察する必要がある。

[208] 2008年の地方自治法施行令の改正により，それまで有識者の意見聴取をする場面として「入札を行おうとするとき」「落札者決定基準を定めようとするとき」「落札者を決定しようとするとき」の三つが規定されていたが，簡素化され，今の形（「落札者決定基準を定めようとするとき」のみの意見聴取）になった。その後の各地方自治体の足取りの重さを見る限り，あまり大きな効果はなかったのかもしれない。

第3節　総合評価方式の問題点

　総合評価方式の最大の問題点は，価格以外の要素の評点の仕方にある。この問題は二つに分けることができる。

　ひとつに，価格以外の要素を何故評価対象としたのか，そして何故そのようなウェイト付けをしたのかについて十分な説明が可能か，という問題がある[209]。この点に関しては，総合評価方式に特別な問題ではなく，最低価格自動落札方式を採用する発注者に対し，「何故に，価格要素だけを評価対象とするのか」と問うことと変わりない[210]。官製市場における競い合いのルールを設定するのは発注者なのであるから設定されたルールについての説明責任を発注者は一般的に負っているのであって，どちらの方式の方がより多くの説明を必要とするかの違いに過ぎない。

　もうひとつは，設定された非価格要素について何故にそのような評点が付けられたかについての十分な説明が可能か，という問題である。経営事項審査数値のように業者の属性の客観的指標あるいは事実に基づいて機械的に点数が算出されるものではなく，評価する側の主観面に依存する評価項目の場合，付けられた点数についての説明が容易でないことがある。もちろん，それは民間市場における購買行動であっても同じ問題が生じるので，官製市場固有の問題として語るべきではないのだろうが，利益獲得の圧力が存在しない公共調達においては恣意的な運用への懸念が強く選択した過程に対する説明が発注者の責任として求められることになる。

　総合評価方式は，多様な入札契約方式の中心的存在といえる。これまでには存在しなかったさまざまな取り組みが総合評価方式の枠内で試みられている。例えば，公共工事における高度技術型といわれる類型では，提案された技術を受発注者間の交渉で改善し，改善された技術提案をベースに予定価格を最後に決定する手続となっている[211]。また，これまで指名競争

209　テクニカルな点として価格要素と非価格要素の「組み合わせ方」の問題がある。いわゆる「除算方式」と「加算方式」の選択の問題であるが，これについては国土交通省等の説明資料，あるいは任意のテキストブックを参照のこと。
210　説明の対象が増えるという違いに過ぎない。

入札や地域要件等の入札参加資格の設定で実現しようとしてきた社会政策にかかわる諸要素を非価格点数として評価しようという取り組みも，一部地方自治体で進んでいる[212]。

　こうした多様性が高まればその分，発注者の説明責任も高まるものとなる。どのような目標を達成するためにそのような手法が採用されたのか，他にあり得る手法との比較で何故にその手法が妥当するのか，その手法を採用することによって何が得られ，何が失われたのか，といった観点からの検討が必要となる。

第4節　適正化のための方策

　結局，総合評価方式の制度設計と運用の適正化とは，透明性を確保することに他ならない。総合評価方式は，価格点とその他の要素にかかわる点数との総合点で業者を競い合わせるものであり，その価格以外の具体的項目やそのウェイト付けは，契約の目的に資するという限りで発注者の裁量に委ねられている。その場合，価格以外の項目が考慮される理由，その項目が選択された理由，そのウェイト付け（配点）の理由についての説明責任が国民，住民に対して十分に果たされなければならない。同時に，採点についての説明責任も求められる。こうした問題をクリアできないのであれば，これらステークホルダーからの支持は得られないだろう。総合評価点数が他よりも上回り受注者になった業者の価格が次順位の業者あるいは最低価格を提示した業者の価格よりも高くなった場合，必ずといってよいほど，その価格差に見合う非価格面でのメリットが存在するかどうかについて疑義が生じることになる。もちろん，非価格点を価格点に正確に換算することは困難であり，発注者の説明責任にも限界があることは当然である。採点についてもその主観面を説明し尽くすのは困難である[213]。

211　本著注（207）参照。
212　本著第2部第6章第3節第3款参照。

補　節　競り下げについて

　「競り下げ」は，封印入札と異なり，競争相手の価格を見ながら自らの価格を決める契約者選定方式である。相手の出方がわかる分，そうでない場合よりも安値での契約が可能になるような直感を持ちやすいものではある。これに関し，前述，行政刷新会議の改革プログラムでは次のように述べている。

　　民間企業やいくつかの独立行政法人等では競り下げを実施した実績があり，調達分野によっては，競り下げにより，従来の封印入札に比べて調達費用を削減できる可能性がある。現行会計法令において，競争の方法として競り下げは規定されていないが，最低価格の調査等の形で，試行として競り下げを活用することは可能である。このため，平成23年度より，コスト削減や新規参入促進等の効果，現行会計法令下における制約・課題，中小企業者の受注機会や事業活動への影響等につき十分な検証を行うため，競り下げの試行を実施する[214]。

　競り下げは，既存の競争入札とは異なる。競り下げには開札行為が予定されていないからである。会計法29条の5は，「競り売り」以外では入札の方法に拠らねばならぬと規定し（1項），「その提出した入札書の引換え，変更又は取消しをすることができない」（2項）と定めている。また，予決令81条第1文は「契約担当官等は，公告に示した競争執行の場所及び日時に，入札者を立ち会わせて開札をしなければならない。」と定め，開札行為が競争入札の不可避の要素となっている。

---

[213] 非価格点において本来的な目的とは異なるある政策目的の実現を企業に担わせることで，そのような規範を普及させることにきっかけにすることを狙いとする総合評価方式なるものがあるのかもしれない。藤谷武史「政府調達における財政法的規律の意義：「経済性の原則」の再定位」フィナンシャル・レビュー104号（2011）70頁参照。さまざまあり得る「非価格要素の狙い」をあいまいなままにせず，その中身を透明にする作業が求められる。これまで我が国はこの観点があまりに希薄だったように思われる。
[214] 本著注(30)『改革プログラム』第1章2(2)②。

現行会計法令の下，競争入札の枠組みで競り下げを行うのであれば，競り下げを行ったうえで形式上，入札書提出を業者に行わせ，開札の手続を行わなければならない。実務的には，業者の提示した最終的な各々の最低価格について，入札書提出，開札という「儀式」を行う必要が出てくることになる。しかし，その段階では落札者は決定している。結果が判明した状況下で，競争入札を行うという意味がどこまであるのか，という疑問が生じることになる。競争入札の部分が無意味なのであれば，競争入札に拠らない契約者選定過程で済ませればよいという話になり，実際上，国で試行的になされている競り下げはごく一部を除いてすべて随意契約の枠組みでなされている[215]。

　競り下げは封印入札と比べ効率化が期待できるのか[216]。これは経済学的な論点であり専門家の判断に委ねたいと思う[217]。他の業者が提示した最新段階での最低価格を自社の価格付けの前提とする以上，結果的に封印入札の方が低価格を期待できるのではないか（二番目に低いコストの業者が基準になるという問題），といった疑問があり得よう[218]。

215　一番最初の例（これは一般競争入札の形で実施されている）については，内閣府ウェブサイトの資料
　　（http://www.cao.go.jp/sasshin/koukyo-service/pdf/kouhyo.pdf）参照。
216　競り下げの効率性を測る際，開始価格と落札価格の差を「効率化効果」と呼ぶのであればそれはミスリーディングである。第一に，開始価格なるものが一体どうやって決められるかの問題があり，それが定まらなければ効率性云々を議論できないはずである。第二に，そこでいう封印入札で問題にされる予定価格と落札価格の差（落札率）と競り下げにおけるそれ（予定価格の算定が同じという前提で）との比較での効率化効果が本来問われなければならない。開始価格から下がったことを効率化効果と呼ぶのであれば，封印入札で予定価格から下がったこともまた効率化効果と呼べるはずである。両者の比較なくして，制度導入の効率化効果は図れまい。
217　神取道宏「政府調達に「競り下げ」導入，効果の見極め慎重に」日本経済新聞2010年7月22日朝刊22面（「経済教室」）。同氏の公共サービス改革分科会における報告資料（http://www.cao.go.jp/sasshin/koukyo-service/meeting/101108/pdf/2.pdf）及び質疑応答概要（http://www.cao.go.jp/sasshin/koukyo-service/meeting/101108/pdf/gijiyoushi.pdf）や，競争政策研究センターにおける講演録及び質疑応答（柳田千春「競争政策研究センター（CPRC）第21回公開セミナー：公共調達における『競り下げ』の効果（神取道宏教授講演概要録）」公正取引733号57頁以下（2011））も参照。
218　各種ネット・オークションの知見をうまく使いこなすことも重要であろう。

第 4 章　入札参加資格の設定

第 1 節　制度の概要

　一般競争入札が一般化される中，あらゆる発注者において公共調達の鍵を握るのは入札参加資格の設定に他ならない。絞り込む基準は受注者としての相応しさの有無にある。それは指名競争入札における指名に相当する。
　入札参加資格については会計法令上詳細な定めがあるので確認しておこう。
　会計法29条の3第2項は，一般競争入札に参加しようとする業者に「必要な資格…は，政令でこれを定める。」と規定し，これを受けた予決令は70条以下で次のような規定を置いている。
　先ず義務的な排除対象として，70条は「当該契約を締結する能力を有しない者及び破産者で復権を得ない者」を挙げている。地方自治法施行令167条の4第1項も同様である。この場合，発注者には裁量の余地はない。この要件がある以上，入札参加資格の設定のない一般競争入札など存在しないことが解る。
　次がいわゆる「入札参加資格停止」と呼ばれるものである。予決令71条1項はその柱書第1文で「契約担当官等は，一般競争に参加しようとする者が次の各号のいずれかに該当すると認められるときは，その者について3年以内の期間を定めて一般競争に参加させないことができる。」と定めたうえで,以下の各号を置いている(地方自治法施行令167条の4第1項同旨)。

　　一　契約の履行に当たり故意に工事若しくは製造を粗雑にし，又は物件の品質若しくは数量に関して不正の行為をしたとき。
　　二　公正な競争の執行を妨げたとき又は公正な価格を害し若しくは不正の利益を得るために連合したとき。
　　三　落札者が契約を結ぶこと又は契約者が契約を履行することを妨げ

たとき。
四 監督又は検査の実施に当たり職員の職務の執行を妨げたとき。
五 正当な理由がなくて契約を履行しなかつたとき。
六 この項（この号を除く。）の規定により一般競争に参加できないこととされている者を契約の締結又は契約の履行に当たり，代理人，支配人その他の使用人として使用したとき。

　このうち3号が，入札不正を行った業者に対する入札参加資格停止である。入札談合がその典型であるが，規定のされ方を見ると独占禁止法における不当な取引制限規制が念頭に置かれているのではなく，刑法典における公契約関係競売等妨害罪，談合罪が念頭に置かれていることに気付く[219]。
　発注者が競争入札から排除しなければならない，あるいはすることができるという意味での排除要件ではなく，受注希望業者が競争入札に参加することができる条件という意味での参加要件について会計法令は二種類を用意している。
　ひとつが，いわゆる「ランク制（等級区分）」にかかわるものである[220]。予決令72条はその1項で「各省各庁の長又はその委任を受けた職員は，必要があるときは，工事，製造，物件の買入れその他についての契約の種類ごとに，その金額等に応じ，工事，製造又は販売等の実績，従業員の数，資本の額その他の経営の規模及び経営の状況に関する事項について一般競争に参加する者に必要な資格を定めることができる。」と定めている。地方自治法施行令167条の5第1項も同様である。公共工事の多くの場合，各発注者は，例外なく，これらの事項を一定の点数に置き直し，各業者を点数別のランクに分類している（予決令72条3項で有資格者の名簿を作成するものとしている）。同条第2項は「各省各庁の長又はその委任を受けた職員は，前項の規定により資格を定めた場合においては，そ

219　本章第2節参照。
220　本章第3節参照。

の定めるところにより，定期に又は随時に，一般競争に参加しようとする者の申請をまつて，その者が当該資格を有するかどうかを審査しなければならない。」と定める。一般に「入札参加資格申請・審査」と呼ばれるのがこれである[221]。

　もうひとつが，予決令73条に定めるその他の条件付けであり，これが付された場合に「条件付一般競争入札」と呼ばれることになる。というのは，これまで見てきた排除要件，参加要件は，70条の義務的排除要件を除き，法文上任意のものとして規定されてはいるが，実務上例外なく，あるいは通常置かれている条件である。そこで，これらの条件が付された競争入札については通常，一般競争入札と呼ばれるだけで「条件付」という言葉は用いられない。

　73条は「契約担当官等は，一般競争に付そうとする場合において，契約の性質又は目的により，当該競争を適正かつ合理的に行なうため特に必要があると認めるときは，各省各庁の長の定めるところにより，前条第1項の資格を有する者につき，さらに当該競争に参加する者に必要な資格を定め，その資格を有する者により当該競争を行なわせることができる。」とだけ書かれている。「契約の性質又は目的により，当該競争を適正かつ合理的に行なうため特に必要があると認めるとき」とは，具体的には，ある工法の工事を行ったことがある経験や応札業者がある特定の地域に所在していること等を挙げることができる。後者はいわゆる地域要件といわれるものである。地方自治法施行令167条の5の2は地域要件の設定について次のように直接的に規定している。

　　普通地方公共団体の長は，一般競争入札により契約を締結しようとする場合において，契約の性質又は目的により，当該入札を適正かつ合理的に行うため特に必要があると認めるときは，前条第1項の資格を有する者につき，更に，当該入札に参加する者の事業所の所在地又

221　全国一律の客観点数（経営事項審査数値）と各発注者で独自に定める主観点数とに分かれる。本章第3節参照。

はその者の当該契約に係る工事等についての経験若しくは技術的適性の有無等に関する必要な資格を定め，当該資格を有する者により当該入札を行わせることができる。

ここで「契約の性質又は目的により，当該入札を適正かつ合理的に行うため特に必要があると認めるとき」と地域要件とがどのように関係するのかが問題となる。この点については後述する[222]。

第2節　入札参加資格停止について

予決令71条柱書は，「契約担当官等は，一般競争に参加しようとする者が次の各号のいずれかに該当すると認められるときは，その者について3年以内の期間を定めて一般競争に参加させないことができる。」と定め，その例として入札談合や契約不履行等を挙げている。この入札参加資格停止の規定は指名競争にも準用されており（98条。地方自治法，同施行令においても同様），その場合の資格停止は「指名停止」[223]と呼ばれている。

222　本章第4節参照。
223　指名停止措置の法的位置付けは曖昧にされることが多い。後に見る排除措置との区別も明確ではない。碓井光明『公共契約法精義』(2005) 130頁以下の記述にも注意せよ。
　なお，予決令98条及び地方自治法施行令167条の11第1項は，一般競争入札における入札参加資格停止の規定を指名競争入札にも準用している。いわゆる指名停止措置はこの準用された入札参加資格停止の指名競争版であると受け止められがちであるが，その法的性格は曖昧である。指名停止措置は形式上，予決令71条，地方自治法施行令167条の4に類似しているが，法令に基づかない「単なる契約上の判断」に過ぎないという理解を堅持しているように見える発注者が多い。
　発注者によっては法令に基づく入札参加資格停止ではなく，あくまでも契約上の判断としての指名停止を一般競争入札の排除条件としての入札参加資格に関連付けているところがある。
　その背景には，法令に基づかない「単なる契約上の判断」の場合には，そういった措置に対する訴訟のリスクを避けることができるという考え方があるのかもしれない（予決令71条，地方自治法施行令167条の4の規定に依拠している訳ではないので公権力の行使でもないし処分性もないという理屈作りのためにあるように思える）。
　予決令71条，地方自治法施行令167条の4の規定に依拠しないとした場合，「指名停止を受けていない者」という条件を入札参加資格としておけば，それは予決令73条にいう「当該競争に参加する者に必要な資格」，あるいは地方自治法施行令167条の5の2にいう「当該入札に参加する者の事業所の所在地又はその者の当該契約

以下，一般競争，指名競争区別せずに「資格停止」と呼ぶ。但し，指名停止はここでいう資格停止とは別のものという理解もあるようだ。

　資格停止の趣旨は，官公需の契約者として相応しくない業者を一定期間公共契約から除外することで調達の適正化を図ることにある[224]。従って本来的には，問題となる業者を懲らしめる制裁的な趣旨も，問題となる行為を防止する抑止的な趣旨もそこには存在しない。しかしながら，入札談合を行った業者からしてみれば独占禁止法上の課徴金よりも入札参加資格停止の方が痛手は大きいといわれており，実際上制裁的，あるいは抑止的な効果は大きく，そういった意味での社会的機能を果たしているともいわれている。

　なお，指名停止について，あくまでも私法上の契約の準備段階における行為であり，「法の認める優越的な意思の発動として行われるものと解することはできないし，また，個人の権利又は法律上の利益に直接の影響を及ぼす法的効果を有するものでもない」ことからその処分性を否定する地裁判決がある[225]。

　　　に係る工事等についての経験若しくは技術的適性の有無等に関する必要な資格」として置かれた入札参加資格と理解されることになるかもしれない。後者については「等」に何を読み込むかの問題となろうが，地方自治法施行令167条の4の存在を考えれば，やや苦しい読み込みになるのではないだろうか。また，予決令71条等の欠格要件該当として予定されているものを敢て73条等にいう例外的な任意の参加要件該当として扱うことは法的には正当化し難いところがある。法令外の対応というのであれば，そもそもの法令上の資格設定の意義が問われることとなろう。
224　「契約の適正な履行を確保する必要から契約の相手方となるべき者については，その能力に欠ける者又は公正な契約の観点からみて適当でない者を排除する必要がある。」（大鹿行宏編『会計法精解〔平成23年改訂版〕』（2010）436頁）
225　札幌地判平成17年2月28日判例地方自治268号26頁。この辺たりの議論につき，吉野夏己『紛争類型別行政救済法（第2版）』（2010）321頁以下，野田・前掲注(37)41頁（n.81）等参照。但し，岡山地判平成12年9月5日（平成12（行ウ）8）は，「指名停止の措置は，指定業者が指名競争入札に参加する資格を有するとしてもその資格の存在にかかわりなく当然に一定期間指定業者から指名競争入札に参加する機会そのものを包括的かつ一律的に奪うものであって，指名競争入札制度上指定業者が有する法的利益に制限を加えるものといってよく，この意味で個々の入札において双方が対等の立場で呈示する契約条件によって契約の成否が定まるため，指定業者の契約締結に対する期待が事実上のものに過ぎないといえるのとはその性質を異にするものである」と述べたうえで，「指名停止の措置」が行政事件訴訟法（昭和37年法律第139号）にいう取消訴訟の対象となる行政処分である」を認めている。
　　また，指名回避措置について，それが不当なものである場合には国家賠償法上の

実務上よく問われるのはその期間である。かつては談合業者に対する資格停止は数か月程度であったが，談合根絶が当然視されている現在では1〜2年と長期化している。しかし，一部地方自治体では3か月程度の短期に止め，それも「その期間，発注それ自体をしない」などという談合を容認するとも受け止められかねない対応をするところもあるようだ。なお，入札参加資格停止は，上記各号の事実の発生が当該発注者の入札案件，受注案件に限られるものではなく，他の発注者における入札案件，受注案件において確認された場合であっても構わない。例えばある市の入札において入札談合をした業者は，通常当該市が所在する県から入札参加資格の停止措置を受けることになる。

また，幾層もの下請構造が成り立っている公共工事の場合，元請として受注できなくとも下請業者となれるのであれば，そもそもの資格停止の意義が失われてしまう。法令上規定があるのは競争入札からの排除についてだけだが，実務上，共通仕様書において，資格停止中の業者が下請業者とならないよう応札者に対し求めている。

なお，資格停止は資格復活を前提とした措置であるが，公契約からの暴力団関係者排除のように自動的に終期が訪れる期限設定に相応しくないケースも存在する。また会計法令上定めがあるのは「公共調達の本来的目的の実現に支障が生じる」ものであり[226]，社会政策的な考慮については規定がない。各発注者は法令に根拠がある資格停止とは別の「排除措置」という形で対応しているところが多い[227]。該当する業者は受注者となれず，また下請業者にもなれない。ただ，このような措置が可能なのであれば，予決令71条等の資格停止の存在意義は薄れていくだろう。例えば，談合業者には独自に5年間の排除措置を行ったり，解除のためにコンプラ

損害賠償請求が認められるとする最高裁判決（最判平成18年10月26日判タ1225号210頁）がある。とするならば，それは「公権力の行使」（同法1条）ということになる。

226　例えば建設業でいえば，暴力団と何らかの関係があるからといって建設業者として不良業者であるとは限らない。排除措置の対象となった（なりそうな）建設会社の中には優良業者も少なくない，と聞く。

227　その例は省略する。

イアンス報告書等を提出させることを義務付けたりする（発注者が納得しなければ排除措置を再延長する）ことは可能なのであろうか。

一定期間の停止措置が経過するだけで以前と同じように応札可能な状態に戻すのは疑問がない訳ではない。例えば，入札談合を行った業者が1年間の入札参加資格停止期間を経れば，その業者に関して入札談合の危険が除去された訳では決してない。この点，かつて奈良市が2年間の入札参加資格停止期間を，コンプライアンス研修等を義務付け，再度入札談合を行った場合には3年間の入札参加資格停止を行うことを宣言したうえで1年間に短縮した対応[228]は，基本的姿勢としては理解できる。

入札参加資格の設定は，発注者にとって最も都合の良い競い合いの状況を作り出すことにその目標があるはずである。とするならば，任意の排除要件である入札参加資格停止についても同様のアプローチをするべきである。すなわち，どのような業者を予め排除しておくことが発注者にとって望ましいのかという観点から入札参加資格停止の是非，その期間を決めるべきである。もちろん，入札談合のような（時には数十，場合によっては百を超える）多くの事業者がかかわる事案を個々別々に判断することは困難であろう。しかし，例えば，独占禁止法上の課徴金減免制度を利用した業者に対しては入札参加資格停止の期間を決める際に特別の考慮をするといった，各発注者でなされている対応[229]は，公正取引委員会の認定を噛ませることで形式的対応が可能となっているもので，行政上の負担も大きくない筈である[230]。

228　報じるものとして，例えば，朝日新聞2010年9月1日朝刊（奈良地方版）25頁。
229　「公共工事の入札及び契約の適正化を図るための措置に関する指針」（2006年5月23日閣議決定）において，「独占禁止法違反行為に対する指名停止に当たり，課徴金減免制度の適用があるときは，これを考慮した措置に努めるものとする。」とされた（2011年8月9日閣議決定の指針も同じ）。また，中央公共工事契約制度運用連絡協議会モデルの運用申合せ（2006年2月14日改正）において，「課徴金減免制度が適用され，その事実が公表されたときの指名停止の期間は，当該制度の適用がなかったと想定した場合の期間の2分の1の期間とする。」とされた。
230　各地方自治体における暴力団排除条例の制定，強化に伴い，いわゆる反社会的勢力の公共契約からの締め出しが本格化している。各地方自治体でその対応はさまざまであるが，競争入札参加資格者名簿に登載されている業者に対し，一定の期間，発注工事に参加させない措置である入札参加資格停止と，競争入札参加資格者名簿

第 3 節　規模等による区分

　例えばある公共工事を受注する業者が，請け負ったものの施工する能力に欠けている場合，契約は履行できないこととなる[231]。建設業者であるからといって，どのような規模の工事であっても請け負えるという訳ではなく，その規模に相応する事業者に予め絞り込んでおくことが発注者にとっての有効なリスク回避手段となる。発注の規模等に応じてランクを設け，当該ランクに位置付けられた事業者のみに入札参加資格を与える制度を一般に「ランク制」と呼ぶ。公共工事分野に携わる建設業者については各事業者を各ランクに振り分ける根拠となるのが，建設業法[232] 27 条の 23 に基づいてなされる経営事項審査によって導き出される全国統一の基準の下での経営事項審査数値と，各発注者独自に算出される数値の総合点である[233]。

　法令に引き付けていうならば，この点数は，「工事，製造又は販売等の実績，従業員の数，資本の額その他の経営の規模及び経営の状況に関する事項」について一定の指標に基づき算出された点数であり，それは「工事，製造，物件の買入れその他についての契約の種類ごとに，その金額等に応じ」定められた「一般競争に参加する者に必要な資格」（予決令 72 条第 1 項）となるものである。実務上，この点数別にいくつかのブロックを作り，契約金額の多寡で区切られた価格帯とこのブロックとを対応させるという形で入札参加資格を設定する。簡単にいえば，この点数は「業者の体力を示す指標」「企業の優良度を示す指標」のようなものであり，大きな体力を有し，発注者が優良と考える業者には大きな案件を，必ずしもそうとはいえない業者には小さな案件を，それぞれ受注させるところにその狙いが

　　に登録されていない業者に対し，一定の期間，発注工事に参加させない措置である排除措置とに分かれる。
231　契約不履行を回避するために，工事の施工能力がある業者に下請け（上請けという表現の方がマッチするだろうが）に出すことになる。実質的に丸投げである。いずれにしても発注者にとって望ましい事態ではない。
232　昭和 24 年法律第 100 号。
233　高柳＝有川・前掲注(57) 334 頁以下。

ある．

　ランク制については，さまざまな論点があり得る[234]が，ここでは以下の二点を挙げておこう．

　第一が，小さな体力しか有しない業者が大きな案件を受注することの問題性は，契約履行の確実性の担保の観点から説明できそうではあるが，その逆，すなわち大きな体力を有する業者が小さな案件を受注することができない理由がどこにあるのか，という点である．契約履行の確実性という観点からは説明が付かない．つまり，あるべきランク制とは「一定以上の点数を有すること」と定めることではないか，という批判にどう応えるかが問題となるのである．

　応答の仕方としては次のようなものが考えられる．ひとつは，競争性の維持の観点から説明するもので，すなわち，ある規模の公共調達を担うべき適正規模の業者が常に複数存在することが，結果的に発注者の利益になるという考え方があり得よう．大規模業者が中小規模の案件を受注し，その結果，中小規模業者が駆逐されたとしても短期的には激しい競い合いから生まれる利益を発注者は得るだろう．しかし，大規模業者がその後中小規模の案件の競争入札に魅力を感じず，競争入札への参加をしなくなった場合にどうなるだろうか．競争それ自体が消滅してしまい発注者は結果的に大きなデメリットを被ることになる．そのリスクを未然に防ぐためには，ある規模の案件に魅力を感じるだろう適正規模の業者だけで常に競い合せておくことが合理的であると考えるのである．もちろん，そのような競い合いのシナリオが正しい理解であるかは論者によって異なるだろう．

　もうひとつが社会政策的な観点からの説明である．つまり，大規模業者に中小規模の案件を受注させないのは，体力に劣る中小企業者を保護するためであって，そういった必要性に加え，一定程度の競争性さえ確保していればランク制による競争制限的な効果の弊害は大きなものにはならないだろうという許容性を足し合わせることで，この社会政策的制度を正当化

234　経営事項審査数値が企業の体力を適切に反映するものになっておらず，その趣旨とかけ離れたものになっているという，より根本的な批判も多い．

しようとするということを意味する。いわゆる官公需法の要請もあり，発注者は中小企業保護を公共調達において実現することは重要な政策課題となっている。ランク制はこの目標を効果的に実現するための有効な手段と考えられている[235]。

二番目の論点は，全国一律で定められる客観点数といわれる経営事項審査数値に加え，各発注者が独自に定める主観点数のあり方についてである。地方自治体をみてみると地方自治法施行令167条の5第1項は「普通地方公共団体の長は，前条に定めるもののほか，必要があるときは，一般競争入札に参加する者に必要な資格として，あらかじめ，契約の種類及び金額に応じ，工事，製造又は販売等の実績，従業員の数，資本の額その他の経営の規模及び状況を要件とする資格を定めることができる。」と予決令と同様の規定を定めているが，地方自治体によっては独自の審査事項を設け，これを加えることで独自のランク制を敷いているところが多い。

この主観点数が設けられる趣旨は，各発注者が政策上重要視する要素を公共調達に反映させることにある。具体的には地元業者の保護，地元下請業者の保護，地産地消，地元雇用の維持といったことがらが目標にされることもあれば，施工能力，工事成績といったそもそもの調達目的に密接な要素が考慮される場合もある。前者については，次に見る地域要件の設定と共に，社会政策的考慮がどこまで許されるかという問題にかかわるものである[236]。

第4節　地域要件について

予決令73条，地方自治法施行令167条の5の2の規定に基づいて入札参加資格が設定された一般競争入札は，条件付一般競争と呼ばれ，その典型は地方自治法施行令167条の5の2に直接記載のある地域要件の設定で

---

[235] 裏を返せば，この点が批判点にもなる。つまりランク制が生み出す非効率性という問題である。金本・前掲注(165) 68 頁参照。
[236] 経営事項審査については建設業法の任意のテキストを参照のこと。

ある。地域要件の設定は予決令73条の規定に基づいてもなされている[237]。

地域要件の設定の狙いは何か。直感的には地域振興や雇用維持といった社会政策的目的を有しているものとして理解されるだろう地域要件の設定は，かつては「履行確保のため」と説明されてきたが，現在ではあまり支持されていない[238]。公共工事分野における工事完成保証人の義務付けのような特殊な制度的背景があって初めてなし得る説明であって，工事完成保証人制度が廃止された現在[239]，履行確保を理由とした地域要件の設定の正当化を図ることは困難になっているといえよう。とするならば地域要件を設定する根拠は，官公需法の要請を満たすため（小規模な地方自治体であれば地元企業への発注は，すなわち中小企業への発注となる）か，地域振興のためかといったこととなろう。これは前述のランク制にかかわる主観点数と同様，公共調達における社会政策的要請への対応の是非という論点として，後に扱うこととする。

ただ，官民間の「貸し借り」という構造をなおも前提とするならば，地元業者への発注が履行確保に資するという説明は，今でも可能ではある。履行ボンド[240]を含む現在の履行保証は契約履行にかかわる（金銭的保証

---

237 国土交通省の各地方整備局の発注実務では地域要件の設定が通常である。また，官公需法に基づいて毎年閣議決定される「中小企業者に関する国等の契約の方針」の2012年度版（後掲注 (299)）においては，国等の契約についての地域要件が言及されている（4(3)②）。

> 国等は，地域の建設業者を活用することにより円滑かつ効率的な施工が期待できる工事等の発注に当たっては，適切な地域要件の設定や，地域への精通度等地域企業の適切な評価等に努めるものとし，さらに，地方公共団体におけるこれらの取組を促進するものとする。

そこでは，地域要件設定の根拠が履行確保に向けられているところがポイントである。

238 高柳＝有川・前掲注(57)126頁は，地域要件の履行確保目的での必要性が乏しくなりつつあることを指摘している。とはいえ，前注参照。

239 1993年12月21日の中建審建議「公共工事に関する入札・契約制度の改革について」において，工事完成保証人制度の廃止と履行ボンドを含む新たな履行保証体系への移行が提言されて以降，各発注者において工事完成保証人制度は採用されなくなった。

240 履行保証には，履行ボンド（履行保証証券）と履行保証保険とがある。

（受注者の債務不履行が発生した場合の違約金支払いの保証），役務的保証（受注者に債務不履行が発生した場合の残工事の完成の保証）という）間接的な保証の機能を果たすに過ぎず，公共調達全体を確実ならしめるものでは決してない[241]。特に社会基盤整備のような地元との交渉が重要なファクターを占める分野においては，地元業者（それも工事現場に最も近い業者）が受注することの意義は無視することができない。本来は発注者が責任を持って取り組まなければならない業務（地元対策等）を受注者が代わって行っているという認識を前提とするならば，履行確保のための地域要件は確かにあり得るともいえそうではある。しかしこのような理解は，旧来的な官民間の不透明な協働関係を前提とする考え方に他ならない。

第5章　上限価格と下限価格

第1節　上限価格としての予定価格

　会計法29条の6第1項は「契約担当官は，競争に付する場合においては，政令の定めるところにより，契約の目的に応じ，予定価格の制限の範囲内で最高又は最低の価格をもつて申込みをした者を契約の相手方とするものとする。」と定めており，この「予定価格の制限の範囲内で」という制約に対する例外規定がないが故に，あらゆる競争入札において予定価格が不可避の制限となっている。

　予定価格は，「競争入札に付する…事項に関する仕様書，設計書等によつて予定」（予決令79条）するもので，「契約の目的となる物件又は役務について，取引の実例価格，需給の状況，履行の難易，数量の多寡，履行期間の長短等を考慮して適正に定めなければならない」（同80条2項）ものとされている。なお，「予定価格は，競争入札に付する事項の価格の総額について定めなければならない」が，「一定期間継続してする製造，修理，加工，売買，供給，使用等の契約の場合においては，単価についてその予

---

[241] 履行保証制度とその実務については，高柳＝有川・前掲注(57)1198頁以下が詳しい。

定価格を定めることができる」ものとされている（同1項）。

　予定価格の作成は競争入札のみに義務付けられたものではなく，随意契約においても同様である。ただ，定めがあるのが会計法ではなく予決令である点で異なっている[242]。

　予定価格は比較法上，特異な制度であるといわれている。欧米諸国を見ても，厳格な上限拘束性を有する予定価格と同様の制度は存在しない[243]。その代わり，発注者は合理的と考えられる価格水準を算定し，この水準と競争の結果とが乖離している場合にその乖離の妥当性を判断するものとなっている[244]。

　このような厳格な上限拘束性を有する予定価格は，本来的にあるべき契約金額，すなわち適正価格である，という考え方がかつては支配的であった[245]。これは「官の無謬性」を前提に置いた発想に他ならない。

　このような官の無謬性を前提とした発想は，指名競争入札が一般的に用いられていた時代においては違和感なく受け入れられていた。何故ならば，指名競争入札の下での官民間の協調的関係とそれによって維持されてきた安定受注は，ほぼ予定価格通りでの落札を可能にしてきたからである。獲得された予算額，作成された予定価格，実際の契約金額の三者が一致するということはまさに「計画通り」であって，この表面的な一致状態が，官側が無謬であるという前提での議論を可能にしてきたといえる。その裏側にはさまざまな貸し借りの構造があったということについては既に触れた通りである。

　しかし，会計法令の要請は，最低価格自動方式であれ総合評価方式であれ，競争で決まる価格が適正価格なのであって，予定価格はあくまで上限価格であるに過ぎない。そうでなければ，会計法29条の6第1項にいう「予定価格の制限の範囲内で」の意味が説明できないし，わざわざ競争の結果

242　予決令99条の5は「契約担当官等は，随意契約によろうとするときは，あらかじめ第80条の規定に準じて予定価格を定めなければならない。」と定めている。
243　「公共調達と競争政策に関する研究会報告書」（本著注(119)）第二部「欧米における公共調達制度の概要」参照。
244　同前資料編参照。
245　いまでも受発注者間ではそのような共通了解があるかのような印象を受ける。

に介入し下限を画する機能を有する低入札価格調査制度（予決令85条，86条等）や最低制限価格制度（地方自治法施行令167条の10第2項）を設けている趣旨も説明できない。つまり，会計法令の要請からすれば，予定価格を適正価格とする考え方が通用するのは，低価格での落札を嫌う業者側と計画通り価格での落札を望む発注側との思惑が一致しているからに他ならない[246]。

　競争的な価格こそが適正価格であるという会計法令本来の要請を前提にするならば，予定価格の存在根拠は，予算制約以外の何物でもなくなる。しかし，官側作成価格よりも低く契約金額を抑えることができるという意味での競争のメリットを利用するのにもかかわらず，契約金額が官側作成価格よりも高くなってしまうという意味での競争のデメリットを制度上受け入れようとしない予定価格制度は，競争という観点からするならば発注者が一方的に得をする極めて都合の良い制度であるといわざるを得ない。もちろん，会計法令は希少な公的財源の有効利用を目標しているのだからこのような一方的な制度は許されるはずだという発想もあり得ようが，予定価格が競争価格よりも安過ぎる場合には競争の結果を受け入れないという制度は，場合によっては契約機会を失うというリスクを発注者に負わせるものである。つまり，競争的に行動する応札者は自ら受け入れることができる範囲での価格付けをするのであって，応札者すべてについてその価格が予定価格を上回ったとしてもそれは競争的な価格であるに違いないが，この価格では発注者は契約を結ぶことができないのである。制度上は受注者側に契約強制することができない以上，予定価格という制約条件が付いた競争入札は，調達自体ができないとう最も避けなければならない事態を招く危険を発注者に及ぼすことになる。しかし，指名競争入札を前提とした官民間の貸し借りの構造はこのような制度上のリスクを顕在化させてこなかったのである。

---

[246] 官製市場に対する支配的地位を有しておきながら，自身の無謬性に対する想定を崩さず，相手方の競い合いから得られるメリットを受け入れようとしてこなかった構造的問題こそが，公共調達改革が克服すべき真の課題といえよう。

指名競争入札を取り止め一般競争入札に切り替えることが求められている現在，入札参加資格等を操作することで競争性を骨抜きにすることに対しても，厳しい批判が浴びせられている。真に競争的な公共調達を実現しようというのであれば，競争の結果をできる限り広く受け入れる制度上の仕組みが求められることになるだろう。競争の利点を生かそうとするのであれば，同時に業者間の競争は発注者にとって100%満足のいく結果をもたらす訳ではないという現実を受け入れなければならない。そうであっても競争は，他の選択肢よりもトータルで見て望ましい結果を導くという想定があるからこそ，競争入札制度が存在しているのだ，という理解を先行させた公共調達改革が求められよう。貸し借りが利かなくなった今，対応は急務である。

　もちろん，このような改革の方向性は，公会計の制度的根幹にかかわるものであり，見直しは容易ではなかろう。ここでは，以下の，東京都入札契約制度改革研究会報告書の提言を引用するにとどめておこう[247]。

　　　入札価格が予定価格を少しでも上回れば，最低価格であっても落札できないという予定価格の上限拘束性のために，入札不調の件数が相当数に上っており公共工事の適正化を妨げる要因であると指摘されている。もともと，予定価格によって価格の上限だけが拘束される制度は国際的に見ても特異であるが，総合評価方式の導入が拡大し価格以外の要素が重視されるようになるのに伴って，その不合理性が一層顕著になっている。その，入札不調に伴って行政コストが増大するなど，様々な問題が生じているが，現行法令上，予定価格の上限拘束性を回避することはできない。

　　　現在の予定価格の水準を参考価格に置き換え，予定価格をそれよりもやや高く定めるという二重価格の設定も考えられないではないが，参考価格を上回る価格が最低入札価格であった場合の高価格調査のあり方や，調査の結果によっても高価格入札の合理性が認められない場

247　本著注(174)。

合にも落札を認めざるを得なくなるなどさまざまな問題を伴うこととなることは否定できない。

　予定価格の上限拘束性の問題は，最終的には，会計法に基づく予算中心主義という財政制度全体に関わる問題であり，その根本的な解決のためには，財政制度に関わる抜本的な見直しが必要となる。このような制度の硬直性が公共工事の発注等においてもたらしている弊害を指摘し，抜本的な見直しに向けての問題提起をしていくことも必要であろう。

　なお，予定価格の作成時期については，会計法令上，「開札の際これを開札場所に置かなければならない」（予決令79条）他，特に定めがない[248]。つまり法令上は，開札の直前に定めることも可能ではある。ただ，予定価格の作成は，「競争入札に付する…事項に関する仕様書，設計書等によって」（同条）なされるものであるので，仕様書，設計書等を作成した段階で予定価格が定められることが予定されている。一般的には，仕様書，設計書等が確定した段階で入札公告をするであろうから，その段階で既に予定価格が決まり得るものとなっているが，競争入札においても公告段階で仕様書，設計書等の詳細が決定していない場合がある。その例が，公共工事分野の高度技術型の総合評価方式による一般競争入札であり，そこでは提出された技術提案について発注者と受注希望者との間で改善交渉を行い，最終的に確定された技術提案を前提に予定価格を組むものであり，この場合予定価格は開札時の直前（例えば2，3日前）に作成されるものとなっている[249]。予算制約との関係で，このような対応がどこまで可能かは不明ではあるが，予定価格の上限拘束性に対するひとつの解であることは事実である。

248　地方自治法，地方自治法施行令には予決令と同様の規定はない。
249　本著注（200）等参照

第2節　下限価格としての低入札調査基準価格と最低制限価格

予定価格が落札価格の上限を画するように，下限を画する機能を有するものが，低入札価格調査制度と最低制限価格制度である。

第1款　低入札価格調査

会計法29条の6第1項但書は「…国の支払の原因となる契約のうち政令で定めるものについて，相手方となるべき者の申込みに係る価格によつては，その者により当該契約の内容に適合した履行がされないおそれがあると認められるとき，又はその者と契約を締結することが公正な取引の秩序を乱すこととなるおそれがあつて著しく不適当であると認められるときは，政令の定めるところにより，予定価格の制限の範囲内の価格をもつて申込みをした他の者のうち最低の価格をもつて申込みをした者を当該契約の相手方とすることができる。」と，最低価格自動落札方式の例外を定めている。予決令84条に拠れば，「会計法第29条の6第1項ただし書に規定する国の支払の原因となる契約のうち政令で定めるものは，予定価格が1,000万円…を超える工事又は製造その他についての請負契約とする。」とされている。

前者の契約不履行の危険のある場合について，予決令85条は「各省各庁の長は，会計法第29条の6第1項ただし書の規定により，必要があるときは，前条に規定する契約について，相手方となるべき者の申込みに係る価格によつては，その者により当該契約の内容に適合した履行がされないこととなるおそれがあると認められる場合の基準を作成するものとする。」と，86条1項は「契約担当官等は…契約の相手方となるべき者の申込みに係る価格が，前条の基準に該当することとなつたときは，その者により当該契約の内容に適合した履行がされないおそれがあるかどうかについて調査しなければならない。」と規定している。いわゆる低入札価格調査制度である[250]。

後者の公正秩序に反する危険のある場合について，予決令89条1項は「契約担当官等は…契約の相手方となるべき者と契約を締結することが公正な取引の秩序を乱すこととなるおそれがあつて著しく不適当であると認めたときは，その理由及び自己の意見を記載し，又は記録した書面を当該各省各庁の長に提出し，その者を落札者としないことについて承認を求めなければならない。」と定めている。この場合，低入札価格調査制度のような調査は経ず，各省各庁の長の承認で足りるものとなっている[251]。

なお実務においては，低入札価格調査制度を採用しつつも実質的には最低制限価格と同様の機能を有する（実質的な）失格基準を採用する発注者もある。「特別重点調査」[252]といわれる，応札者に多くの説明資料を求める厳しい調査を実施するところも現れるなど，一定未満の価格を入れる応札行動を抑止する手法が多様化している[253]。

第2款　最低制限価格

1　概　要

地方自治体の場合，国と異なり，いわゆる最低制限価格の設定が地方自治法上認められている。地方自治法234条3項但書は「…普通地方公共団体の支出の原因となる契約については，政令の定めるところにより，予定価格の制限の範囲内の価格をもって申込みをした者のうち最低の価格をもって申込みをした者以外の者を契約の相手方とすることができる。」と定め，これを受けた地方自治法施行令167条の10第1項は次の通り定めている。

　　普通地方公共団体の長は，一般競争入札により工事又は製造その他

250　手続については86条2項以下を参照。
251　同2項は「契約担当官等は，前項の承認があつたときは，次順位者を落札者とするものとする。」としている。
252　例えば，日経コンストラクション誌の記事「特別重点調査：最低制限価格と同等の効果」日経コンストラクション425号48頁以下（2007）等を参照。
253　ある価格を下回った場合には総合評価方式における価格評価点，あるいは非価格点を減点するような手法を用いるところもある。

についての請負の契約を締結しようとする場合において，予定価格の制限の範囲内で最低の価格をもって申込みをした者の当該申込みに係る価格によってはその者により当該契約の内容に適合した履行がされないおそれがあると認めるとき，又はその者と契約を締結することが公正な取引の秩序を乱すこととなるおそれがあつて著しく不適当であると認めるときは，その者を落札者とせず，予定価格の制限の範囲内の価格をもって申込みをした他の者のうち，最低の価格をもって申込みをした者を落札者とすることができる。

続けて，第2項は以下の通り定める。

　普通地方公共団体の長は，一般競争入札により工事又は製造その他についての請負の契約を締結しようとする場合において，当該契約の内容に適合した履行を確保するため特に必要があると認めるときは，あらかじめ最低制限価格を設けて，予定価格の制限の範囲内で最低の価格をもって申込みをした者を落札者とせず，予定価格の制限の範囲内の価格で最低制限価格以上の価格をもって申込みをした者のうち最低の価格をもって申込みをした者を落札者とすることができる。

第1項が最低価格自動落札方式における例外を規定するもので，会計法であれば29条の6第1項但書がそれに対応する。地方自治法施行令には予決令とは異なり低入札調査制度についての定めは存在しないが，実務上国と同様の低入札価格調査手続を行っているところが多い。第2項が地方自治体に固有の最低制限価格制度を定めるものである。その趣旨は「当該契約の内容に適合した履行を確保するため」であり，「特に必要があると認められるとき」のみに認められる例外的な制度である。しかし，ほとんどの地方自治体では公共工事発注において最低制限価格が（少なくとも部分的には）設定されている。なお，国の低入札調査基準価格の算出手法を用いてそのまま最低制限価格を設定している地方自治体が多い。

2　競争性の観点からの争点

　最低制限価格の設定に対する批判の典型は，より安い業者を一律に排除することで競争のメリットを限定的にしか獲得することができなくなり，それは不合理であるというものである。ある一定未満の価格に対しては一定以上の品質を維持できない，という趣旨で設けられる最低制限価格の合理性とは，設定された価格と求められる品質のリンケージが十分にあること，案件ごとに低入札価格調査をすることのコスト負担，そしてこの二つの相関から考えなければならない。

　最低制限価格は「一律に」失格にすることのロスがしばしば問題になる。例えば，採算度外視でも一度経験してみたい受注案件であったり，資材が偶然に廉価で入手できるような特殊事情が存在していたりする場合，低価格で受注しても品質は維持できる見込みは大きい。最低制限価格の場合にはこの可能性すら奪うことになってしまう。一方，あらゆる案件で低入札価格調査を行うとなると行政コストは膨大となり，スキルと経験に乏しい地方自治体の場合，危険な受注を見逃してしまうリスクが高まることになる。つまり，最低制限価格の合理性は「誤って安くするのに失敗するエラー」と「誤って品質を維持するのに失敗するエラー」とどちらのエラーならば許容できるか，という点に依存しているのであって，安さと品質のリンケージについての十分な情報を持ち合わせていないという発注者の制約を前提に存在する制度に対して，エラーが発生した場合に損失が生じることだけで同制度の不合理性を論じるべきではない。

3　総合評価落札方式と最低制限価格

　地方自治法施行令167条の10の2はその第1項で，総合評価方式が許容される旨定めるとともに，第2項で，「普通地方公共団体の長は，前項の規定により工事又は製造その他についての請負の契約を締結しようとする場合において，落札者となるべき者の当該申込みに係る価格によつてはその者により当該契約の内容に適合した履行がされないおそれがあると認めるとき，又はその者と契約を締結することが公正な取引の秩序を乱すことと

なるおそれがあつて著しく不適当であると認めるときは、同項の規定にかかわらず、その者を落札者とせず、予定価格の制限の範囲内の価格をもつて申込みをした他の者のうち、価格その他の条件が当該普通地方公共団体にとつて最も有利なものをもつて申込みをした者を落札者とすることができる。」と低価格入札への対応について定めている（国であれば会計法29条の6第2項の規定がこれに対応する）。この規定によって最低価格自動落札方式で採用されている低入札価格調査制度が総合評価方式でも採用され得ることが明らかになっているといえるが、総合評価方式における最低制限価格設定の可否については地方自治法施行令上何も言及がない。

地方自治法及び同法施行令上、総合評価方式を採用した場合の最低制限価格の設定の可否については争いがある。総務省は「地方公共団体の入札契約における総合評価方式の活用について」(2008年4月21日)において、「…総合評価方式の適用対象工事については、価格による失格基準を定めることにより、最低制限価格と同様のダンピング排除の効果を得ることが可能」であるとしており、これが実務となっている。

第3節　予定価格の公表時期

第1款　対立構造

予決令79条は、予定価格を記載、記録した書面は「その内容が認知できない方法により、開札の際これを開札場所に置かなければならない」ものと規定しており、国の競争入札においては開札時まで予定価格は非公表としなければならないことになっている。一方、地方自治法、同施行令には同様の規定が存在しない。そこで、地方自治法、同施行令上は、発注者が予定価格を入札の前に公表することができると解されている（これを「事前公表」と呼び、開札後の公表を「事後公表」と呼ぶことにする）。なお、地方自治体だけに認められている最低制限価格についても、予決令79条のような規定は存在しない。

予定価格（あるいは最低制限価格）の公表時期をめぐっては賛否両論ある[254]。

　事前公表賛成派の論拠として，(1)情報公開の一環として望ましい，(2)情報漏えい事件の防止のため（コンプライアンス対応），といった点が挙げられる。これに対しては，(1)情報公開の必要性は事前公表ではなく事後公表でも足りる，(2)コンプライアンスは発注者側の問題であって，自己都合で競争入札のあり方を歪めるべきではない，といった批判が可能である。

　反対派からは，(1)予定価格を事前公表する場合，予定価格付近での入札談合を容易にする，(2)最低制限価格の事前公表の場合，あるいは予定価格を事前公表することによって（発注者が国の低入札価格調査基準に依拠していること等から）最低制限価格が予想される場合，ダンピング状況の下，最低制限価格に張り付く事態が発生する，といった点が指摘されている。(2)については，(i)積算能力もないような不良不適格業者が，積算努力なしに公表された，あるいは予想された最低制限価格をピンポイントで提示することになり不当な結果を招く，(ii)複数業者が最低制限価格で一致すれば抽選での受注となり，公表された，あるいは予想された最低制限価格に張り付く事態は，業者の積算努力とは無関係に受注者が決まるので不当である，という二つの理由に分かれる。

　これに対しては，(1)談合構造自体が解消されつつある現状においては説得力を持たない，(2)(i)積算能力もないような不良不適格業者を入札に参加させていること自体に問題があるのであって，最低制限価格設定の問題とは別である，(ii) 事後公表にしても最低制限価格に張り付く事態が発生し

254　予定価格の公表問題について触れるものとして，高柳＝有川・前掲注(57) 374 頁以下, 本著後掲注 (256) の適正化指針の他, 東京都入札契約制度改革研究会報告書 (2009 年 10 月) (本著注 (174)), 行方敬信「旧くて新しい予定価格公表の是非問題 (1) 会計法と地方自治法の相克」, 同「(2)」会計と監査 53 巻 10 号 36 頁以下, 同 11 号 26 頁以下 (2002) 等を参照。事後公表でも最低制限価格に張り付く事態が生じていることについて, 次の「日経コンストラクション」誌の記事が報じている。「日常化するくじ引き自治体発注案件の 1 割が「運任せ」：新潟市では予定価格事後公表でもくじ引き落札が 7 割超」日経コンストラクション 528 号 52 頁以下 (2011) 参照。

ている，といった指摘が，それぞれの主張に対して可能である．

第2款　各方面の反応

　事前公表か事後公表かの選択は発注者に委ねられているものであるが，社会基盤整備の主たる所轄官庁である国土交通省，地方自治の所轄官庁である総務省は，法運用として事前公表を例外的なものとして扱うよう，次に見る行政指導を行っている[255]。

> 　予定価格等の公表の適正化予定価格の公表について，地方公共団体は法令上の制約がないことから，各団体において適切と判断する場合には，国と異なり，事前公表を行うことも可能であるが，その価格が目安となって適正な競争が行われにくくなること，建設業者の見積努力を損なわせること，談合が一層容易に行われる可能性があること等の入札前に予定価格を事前公表することによる弊害を踏まえ，予定価格の事前公表の取りやめ等の対応を行うものとすること。予定価格の事前公表を行う場合には，その理由を公表すること。また，最低制限価格等及びこれらを類推させる予定価格の事前公表についても，最低制限価格等と同額での入札による抽選落札を増加させ，適切な積算を行わず入札を行った業者が受注する事態が生じることが特に懸念されることから，最低制限価格等の事前公表を行っている地方公共団体においては，上記弊害を踏まえ，最低制限価格等の事前公表の取りやめ等の対応を行うこと。最低制限価格等の事前公表を行う場合には，その理由を公表すること。

　2011年8月9日閣議決定の「公共工事の入札及び契約の適正化を図るための措置に関する指針」（以下，「適正化指針」と呼ぶ）においても同様

---

[255] 2008年3月31日付け各都道府県知事・各政令指定都市市長あて総務省・国土交通省連名通知。

の指摘がなされている[256]。

> …低入札価格調査の基準価格及び最低制限価格を定めた場合における当該価格については，これを入札前に公表すると，当該価格近傍へ入札が誘導されるとともに，入札価格が同額の入札者間のくじ引きによる落札等が増加する結果，適切な積算を行わずに入札を行った建設業者が受注する事態が生じるなど，建設業者の真の技術力・経営力による競争を損ねる弊害が生じうることから，入札の前には公表しないものとする。
>
> …予定価格については，入札前に公表すると，予定価格が目安となって競争が制限され，落札価格が高止まりになること，建設業者の見積努力を損なわせること，入札談合が容易に行われる可能性があること，低入札価格調査の基準価格又は最低制限価格を強く類推させ，これらを入札前に公表した場合と同様の弊害が生じかねないこと等の問題があることから，入札の前には公表しないものとする。

一方，有識者で構成された東京都入札契約制度改革研究会報告書（2009年10月）においては，次の通り述べられている[257]。

> 東京都では11年前から予定価格を公表しているが，現在のところ，その公表時期は，入札前の事前公表としている。これによって最低制限価格の予想が可能になり，結果的に入札価格が最低制限価格周辺に張り付くという事態を招いているとの指摘がある。
> 　予定価格の事前公表は，全国各地で入札情報漏えい事件が相次ぎ住民からの公共工事発注業務の公正さへ信頼が損なわれたことなどが背景となって行われるようになった。東京都でも，事前公表は，公共工

256　国土交通省のウェブ・サイト（http://www.mlit.go.jp/common/000162876.pdf）等参照。
257　本著注(174)。

事をめぐる汚職事件の発生を契機に行われることになったものであり，その限りにおいて，予定価格漏洩に関わる不正のリスクを解消するための方策であった。

　本来，業者間で談合が行われず，各社が自己の積算に基づいて入札価格を決定するのであれば，予定価格の事前公表には，それ程大きな意味はないはずである。しかし，前記3で述べたように，ダンピングの横行によって，入札参加者間の競争が最低制限価格を予測するだけの競争という歪んだ状況になった場合には，予定価格の事前公表によってそれを予測する根拠が与えられることで最低制限価格の設定上限である予定価格の85％が目安となって入札者間での「くじ引き」が多発することとなる。その結果，積算能力もないような不良不適格企業が受注機会を得ることになるということが，予定価格事前公表を取り止めることの要請の理由とされている。しかし，根本的な問題は，いかにして不当なダンピングを防止し，不良不適格企業を排除していくかであり，予定価格の事前公表を取りやめることだけで問題が解決できるものではない。なお，東京都が，入札・契約に関する統計データを用いてさまざまな角度から検証した結果によれば，入札・落札価格が最低制限価格等の周辺に集中する傾向は予定価格の公表時期には関係がなく，また，落札価格と工事成績にも明確な関連性がないとのことであり，少なくとも，予定価格の事前公表が，具体的な弊害をもたらしているとは認めがたい。

　東京都が先ず行うべきことは，不良不適格企業の排除と，ダンピング問題への対処という課題に取り組むことであって，さらに，根本的には上限拘束性の見直しなど公共調達における予定価格の位置づけそのものを見直すことであり，予定価格の公表時期の見直しではない。

第3款　問題の本質

こうした認識の違いはどこからくるのであろうか。問題を解く鍵は，予

定価格が事前公表された場合に生じる影響をどう評価するかにある。

　かつて公正取引委員会が予定価格の事前公表に反対であった理由は，入札談合の容易化につながると考えていたからだ（落札価格の高止まり）。しかし，競争が激化し応札価格が下がっている状況においてはそのような懸念は説得力を持たない。

　現在懸念されているのは，最低制限価格への張り付きの問題である。最低価格自動落札方式を前提にした場合，ダンピング状況において受注希望業者が受注を確実にするためには最低制限価格ぴったりで応札することが求められる。最低制限価格は予定価格（その前提となる設計価格）から一定の計算式を通じて導かれるものであり，その計算式自体が予定価格とともに公表されていれば最低制限価格の算出は容易に行うことができる（かなりの精度で当てることができる）。地方自治体においては，その計算式は国の低入札調査基準価格のそれに準じているところが多く，あるいはその計算式自体が明らかにされていることが多いので，予定価格が公表されてしまえば最低制限価格が公表されているのと同じということになる[258]。

　予定価格が事後公表の場合には，計算式自体が知られていても予定価格が分からない以上，事前には最低制限価格を知ることができない。各業者ができるかぎり最低制限価格に近い応札を行い，受注しようとするダンピング状況においては，予定価格を一番正確に計算し当てた業者が最も受注機会に近づけるという構造が成り立つことになるのである。

　予定価格は発注者側の積算であって，会計法令が導こうとする競争的価格ではない。予定価格であっても最低制限価格であっても，それは「枠」に過ぎず，受注希望者が独自に行うべき積算とは切り離されたものである（枠から外れれば応札は効力を持たないので，受注したい業者はその枠にはめる必要があるので，その限りでこの枠の計算が必要になるに過ぎない）。つまり，本来競争という手続が応札者に求める積算は，「自らにとっ

---

[258] 前述適正化指針（本著注（256））では，「低入札価格調査の基準価格又は最低制限価格を強く類推させ，これらを入札前に公表した場合と同様の弊害が生じかねない」と述べられている。

ての損益分岐(あるいは何らかの意味での限界点)」を見極めることであり，発注者がどう考えているかではないはずである。応札者はできるかぎり受注の可能性を高めようと，応札価格を下げようとコストカットの努力を行う。その結果，最も有利な条件を出した業者の条件が，発注者側を持つ許容範囲と合致すれば落札，そうでなければ不落札という結果となる。

　上記，国土交通省，総務省連名による通知でいう「その価格が目安となって適正な競争が行われにくくなること，建設業者の見積努力を損なわせること」，平成23年の適正化指針にいう「適切な積算を行わずに入札を行った建設業者が受注する事態が生じるなど，建設業者の真の技術力・経営力による競争を損ねる弊害が生じうる」こととはいったい何を意味するのであろうか。

　上記国土交通省，総務省連名による通知は，予定価格が事前公表されると「その価格が目安となって適正な競争が行われにくくなる」というが，これがダンピングの助長を意味するのであればそれは無理解である。ダンピング状況だからこそ最低制限価格に張り付く現象が生じているのであって，予定価格の事前公表をやめればそこでいう「適正な競争」が回復する訳ではない。実際，事前公表から（一部あるいは試行的なものも含め）事後公表に切り替えた地方自治体においてダンピング状況に改善が見られたかというと必ずしもそういう訳ではない[259]。

　同通知は事前公表が「建設業者の見積努力を損なわせる」といい，上記適正化指針は「建設業者の真の技術力・経営力による競争を損ねる」というが，そこで問題にされている努力や競い合いの対象が，発注者の積算であるところの上限価格と下限価格の積算であること自体が，競争の適正さが失われていることの証左ではないのか。下限価格でなければ落札できない状況は，業者が自身の損益分岐とは無関係に応札していることを意味する。その中で，「何も競争する対象がない現状で，せめて何かについて競争させてもらいたい」という追い詰められた業者の叫びだというならば理

259　当然，最低制限価格のピンポイントでの導出ができなくなる以上，それよりも高くなる。問題は有意な差が生じるか否かである。

解できるが，このような異常な状況において提唱される異常な競争が「真
の技術力・経営力による競争」(傍点による強調は筆者による) という発
想は理解に苦しむ。競争原理を正面に掲げておきながら，競争を信頼しな
い「官の無謬性」に支配されたダブルスタンダードの発想ではないのか。

　発注者の予定価格が「適正価格」であるという理解を前提にするならば，
このような発想は理解できなくもない。しかし，そのような前提が妥当で
あるという理解は，競争手続による適正な契約条件の発見を要請する会計
法令の趣旨からは採用し得ず，またそれができたとしても現状のように予
定価格から乖離した最低制限価格を見積もることを適正な競争であると理
解することはできないことになる (最低制限価格を限りなく予定価格に近
付けることで予定価格の適正さを事実上基礎付けようという動きがない訳
ではない)。

　上限価格と下限価格の「枠」自体が適正なものであるとし，その枠を正
確に当てる競争が適切な競争であるという主張もあるかもしれないが，そ
れはやはり競争手続による適正な契約条件の発見という法令の趣旨からは
乖離する発想であり，そのような発想は発注者の無謬性なるものを前提に
した旧来的なものの考え方に囚われたものというしかあるまい (もちろん，
そうであれば予定価格の上限拘束性についての立法論上の批判があるのは
当然の反応だろう)。

　予定価格の公表時期は，需給バランスが崩れた異常な競争状況の下での
み問題となる特殊な論点である。各業者が損益分岐において応札し，それ
を下げるためのコストカットの努力で競争する状況が回復すれば，そもそ
も下限を当てる必要もなくなるはずである (最低制限価格が高すぎる場合
は別であるが)。

　真に取り組むべき課題は，この異常な競争状況をどう打開するかにある
はずだ。「真の技術力・経営力による競争」という言葉で問題状況を不明
確にすべきではなく，このような異常事態に陥ってしまったことの政策上
の失敗を素直に認めることから始めるべきではないだろうか。

　本著執筆の1，2年前から，予定価格を事後公表している地方自治体で，

設計価格等，最低制限価格を類推できる情報の漏えい事件が相次いだ。一部発注者は「事後公表から事前公表への切り替え」を検討しているとも報じられた[260]。事後公表に切り替えた後の情報漏えい事件の発生は，公共調達改革にとってブレーキとなる。一連の適正化へ向けた改革が「不正・癒着の温床作り」として評され，改革の方向性がこれまでと同じように単純化される危険があるからだ。ダンピング状況が泥沼化している現状において，情報漏えいの危険は高まっている。事後公表に際しては，コンプライアンスに対する細心の注意が求められるのはいうまでもない[261]。

「公務員である以上コンプライアンスは当たり前だから，コンプライアンス上の問題は事後公表の妨げにならない」との批判があるかもしれないが，制度設計の妥当性を議論する際に不正行為のリスクを考慮しない訳にはいかない。発注者自らではなく，市民の視点からそのような考えが提示されるとき「公務員だから」の理屈が果たして通るのであろうか[262]。

第4款　最低制限価格を当てさせない工夫とその問題点

　最低制限価格を予想させないための工夫にはいろいろある。しかし決定打というものはない。いくつか例を挙げよう(事後公表への切り替えは除く)。
　ある地方自治体では一定の算出式によって導かれた最低制限価格の基準価格に，開札時に一定の係数（例えば99％〜99.9％までの0.1％刻み）を乗じることで最終的な最低制限価格を算出するという手法がとられている。しかし，この手法は単にくじを回避するためだけに意味をなすものであり，もともとの批判点であった「労せずに落札が可能となる」入札方式の問題点に対する回答になっていない。また，この手法に拠れば，場合によっては多くの業者が最低制限価格未満の応札をする事態を招き，これを

260　京都府亀岡市がその例である。
261　公表時期問題については，公共工事入札契約適正化法制定の際の衆参各議院の附帯決議も参照。国の対応にも変遷がある点を見逃してはならない。
262　談合的構造の下では予定価格を聞き出すことは談合を容易にすることにつながったが，ダンピング傾向がある状況下では予定価格の聞き出しは業者の「抜け駆け」的性格が強くなる。

期待する一部業者が予定価格一杯で応札し受注するという本末転倒な結果となる危険を生じさせるものでもある。

他の提案として，応札業者（の一部）の平均応札価格を根拠に最低制限価格を決めればよいというものもある[263]。例えば，応札業者のうち安い方から5社の平均応札価格を最低制限価格とすれば，確かに談合さえなければ最低制限価格が事前に予想されることはない。また，安い応札価格を基準にするので最低制限価格という言葉のニュアンスにも合致しそうで，例外的に極端な低入札価格の影響を薄めることができそうである。しかし，この手法には重大な問題点がある。それは，本来発注者が契約目的を適正に実現するという観点から設定されるべき最低制限価格を実際の応札価格にリンクさせるということは，最低制限価格設定の趣旨を無視することになりかねない，ということである。最低制限価格設定の参考価格となる応札価格それ自体が，参考価格としての適正さを有しているという担保はどこにもない。仮に，それら価格が異常な低水準にある場合は導かれる最低制限価格も異常な低水準になるということになる。導かれた最低制限価格が予定価格の10分の1だとするならば，それは妥当な最低制限価格なのだろうか[264]。実際の応札価格に最低制限価格をリンクさせることの妥当性は，実際の応札価格を失格にする最低制限価格の機能と相容れない場合がある[265]。また，地方自治法施行令167条の10第2項が，最低制限価格が「あらかじめ」設けられる旨規定していることとの整合性が問われることになろう。

---

263 公正取引委員会「公共調達における改革の取組・推進に関する検討会報告書」(http://www.jftc.go.jp/pressrelease/08.may/08050902-hontai.pdf) 第3．1(7)参照。
264 著者は前注の検討会の席上，この方式を採用している地方自治体の担当者にその趣旨の質問をしたところ，「事例としてはあり得るが，ダンピング入札は続くものではないと考える。全社がダンピング入札をするという事例はレア中のレアであって，長く続くものではないと考えている。したがって，現在のところは対策は採っていない。」(http://www.jftc.go.jp/pressrelease/08.may/08050902-sanko2-2-1.pdf) との回答があった。2007年のことである。
265 公共工事では，現場の難易度に応じて暫定的な最低制限価格に対して一定率を乗じる手法もある。

第6章　公共調達における付帯的政策

第1節　問題意識

　公共調達の良し悪しはそれを前提に提供される公共サービスの良し悪しにかかっている。公共サービスの良し悪しに影響がないのであれば，できる限り安価な調達が目指されるべきで，それが許容できる範囲内で品質と価格のバランスが実現されるように図られなければならない。

　「Value for Money の最大化」として表現される公共調達の目標は，可能な限り競争を通じて実現されるべきものとして会計法令は定めている。競争性，公開性に対する厳格さについては米国型[266]，欧州型[267]とで程度の違いこそあるだろうが，競争の維持，促進，あるいは競争の適正化という意味での競争政策が公共調達の基調にあることには変わりはなく，その点については我が国の会計法令においても同様のものとなっている。

　ここで日米欧共通する課題となるのが，この競争政策としての公共調達の実現に，その本来的目的以外の目的，例えば社会政策上の目的を担わせることができるか，できるとしてどこまで，どのようにできるのか，ということである。本来の公共調達の目的ではない，という意味で，このような目的を有する政策は「二次的政策（secondary policy）」「付帯的政策（collateral policy）」と呼ばれている（前者は欧州で用いられ，後者は米国で用いられることが多いようだ[268]）。以下では「付帯的政策」という言葉を用いることにしよう。例えば，暴力団排除政策，雇用政策，環境政策，性差別排除政策等，さまざまな政策的目的と公共調達は結び付く。また，

266　本著注(38)の文献参照。
267　本著注(38)の文献参照。
268　*See* Sue Arrowsmith, Government Procurement in the WTO 325 (n.4) (2003). その他，水平的政策（horizontal policy）という言い方もある。*See* Sue Arrowsmith and Peter Kunzlik ed., Social and Environmental Policies in EC Procurement Law 12-13 (2008).

その実現手段を契約過程に沿って列挙するならば，(1)入札参加資格の設定段階における考慮（指名競争であれば指名段階における考慮，企画競争型の随意契約であれば応募条件における考慮），(2)契約者選定基準における考慮（総合評価方式の場合あるいは企画競争の場合），(3)特命随意契約時における契約者選定段階での考慮，(4)契約条項の中での考慮，を挙げることができる[269]。

公共調達分野における付帯的政策を認める（認めない）理論的根拠は何か，付帯的政策が認められるとしてそれは何についてどこまで認められるのか，さらにはどのような実現手段があるのか，それらの個別的な問題としてはどのようなものがあるか[270]。

第2節　付帯的政策の許容性

付帯的政策の是非については，我が国では会計法令（契約制度）の趣旨，経済性，公正性の観点との整合性の問題として問われてきた。財務省（旧大蔵省）は，従来から，付帯的政策がこれら原則と衝突するという理由から否定的なスタンス[271]を示してきた。

財政法学者の碓井光明は，このような否定論に対し以下の四点を挙げて疑問を呈する[272]。

269　実例について，上林陽治「政策目的型入札改革と公契約条例（上）」自治総研394号63頁以下（2011）参照。

270　本著はあくまでも「競争政策」の視点から眺めることで一貫させている。同じ問題を扱うにしても行政法学の立場からは論じられる対象が異なることとなろう（関連する限りにおいて本著でも触れる）。行政法学からの付帯的政策の議論として，例えば，野田・前掲注(37)参照。実務的な示唆として，山川弘峻「障害者の法定雇用率を遵守していることを入札参加資格とすることができるか」自治実務セミナー48巻9号10頁以下（2009），正木祐輔「市が総合評価一般競争入札を行う場合落札者決定基準として『入札に参加する企業の使用者が労働者に最低賃金法を上回る賃金を支払っていること』を設けることができるか」自治実務セミナー48巻11号9頁以下（2009）等参照。

271　「契約制度は，会計制度の一環として予算の執行についての手続を定めるものであるから，契約の実行を通じて，一定の行政目的を達しようとするような内容を含むことは契約制度の本旨にもとるものといわなければならない。また，行政目的を達するための内容を契約制度に含めたときには，契約制度上，公正性の原則を失い，経済性の原則も確保することができなくなる。」（大鹿・前掲注(224)414頁）。

①付帯的政策の実現が本当に個別具体的契約における経済性・公正性を阻害するおそれが常にあるとは限らない。
②付帯的政策の実現コストを併せ考えたときに、付帯的政策を別途行うよりも経済性に優れているかもしれない。
③会計法令といえども法秩序全体の中に置かれているのであるから、法秩序全体に照らしてその許容性を判断するべきである。
④契約方式について透明性が確保されるなら、公正性が阻害される恐れは少ない。

　公共調達における基本原則としての「経済性の原則」は「公共部門が有償調達契約の対価として支払う資金が公衆（納税者）の負託によるものであることに立脚し、公共団体は…調達において公費の効率的な執行を図るべきことを要請する原則」である[273]。この経済性の原則については、地方自治体に関しては、地方自治法2条14項に「地方公共団体は、その事務を処理するに当つては、住民の福祉の増進に努めるとともに、最少の経費で最大の効果を挙げるようにしなければならない。」と規定され、地方財政法[274] 4条1項が「地方公共団体の経費は、その目的を達成するための必要且つ最少の限度をこえて、これを支出してはならない。」と規定していることからその明確な法的根拠が存在する。一方、国においては具体的な実定法上の根拠がある訳ではないが、この原則は今日一般に承認されている。確かに地方自治法や地方財政法のように一般原則的な規定は置かれていないが、契約者選定基準が原則として「予定価格の制限の範囲内で…最低の価格」（会計法29条の6第1項）、例外的なものでも「価格その他の条件が国にとつて最も有利なもの」（予決令91条2項）に置かれていることからもそのような一般原則が前提にされていることが分かる[275]。

　会計法令が求めるのは、競争性を確保しあるいは競争を適正化すること

272　碓井・前掲注(223) 334頁
273　藤谷・前掲注 (213) 60頁。
274　昭和23年法律第109号。

によって，そして場合によっては適切な非競争的手段を用いることによって，設定された目的，すなわちターゲットを最大限効率よく実現すること（Value for Money の実現）である[276]。これを以て「経済性」を概念するのであれば，それはターゲットとは何かという発注者の意図に依存することになる。そう考えるならば，経済性の基準それ自体は付帯的政策の是非を考えるうえでは意味をなさず，問題とされるべきはそのような付帯的政策の実現それ自体が適切でない場合と，もともとの公共調達の目的自体が妨げられるような場合，あるいは碓井の指摘する批判②の観点から効率的でない場合であろう。

事態をややこしくさせる要因のひとつが，しばしばなされる「緊急経済対策の一環としての公共調達」のように個々の公共調達のそもそもの目的に，公共調達が本来的に有している目的以外の目的が混在する場合が少なくない，ということである[277]。需要創出策としての緊急経済対策である以上，国であれば国内業者，地方自治体であれば当該地方の業者が受注者になることがそもそもの公共調達の目的に適うものとなる。そのためには地域要件やランク設定，あるいは分離・分割発注をするなどして，特定のカテゴリーに属する業者のみが受注者となり，あるいは受注者となりやすい競争環境を作出することがその目的からして求められることになる。

公共調達分野において付帯的政策の実現を図ることを一切シャットア

275　これらは指名競争入札においても同様である（予決令 98 条）。また，随意契約であっても「契約の性質又は目的が競争を許さない場合，緊急の必要により競争に付することができない場合及び競争に付することが不利と認められる」（会計法 29 条の 3 第 4 項）場合等になされるのであるから，その契約の性質，目的から Value for Money を実現するために行われることについては変わりはなく，競争入札と同様の要請が働いている（契約者選定の手法が異なるだけ）ことが解かる。

276　2009 年制定の公共サービス基本法（平成 21 年法律第 40 号）は，その基本理念を規律する 3 条 1 号，2 号において「安全かつ良質な公共サービスが，確実，効率的かつ適正に実施されること」「社会経済情勢の変化に伴い多様化する国民の需要に的確に対応するものであること」と定められている。公共サービスの受益者である国民のニーズに効率的，効果的に対応することは当に経済性の原則を表しているといえようが，なおそもそも国民のニーズとは何かという出発点の問題が残されている。

277　例えば，社会基盤整備の本来的目的は安全な生活環境の確保にあるといえるが，緊急経済対策として地方自治体に補助金等が交付される場合になされる建設工事は，当該地方における雇用維持等がそもそもの公共調達の目的にもなっている。

トすることは現実的でないし，何らかの合理的な制度設計と運用が可能であり，弊害を最小化する方策があるのであれば，積極的に認めるべきとさえいえる[278]。公共調達にかかわる付帯的政策の実現についての許容性を認めたうえで，調整のあり方を正面から議論するべきなのではなかろうか[279]。

---

[278] 民法学者の山田卓生は次のようにさえ述べている（山田卓生「公共工事契約の公正配分：契約を利用した規制」横浜国際経済法学1巻1号（1994）35頁）。

> 経済の世界においては，効率性こそクライテリアという考え方をとれば，競争（入札）により，最も経済的な相手との契約が望ましく，人為的な配分は許されないともいえる。しかし，行政主体にとって，効率性の追求は，必ずしも至上目的ではなく，他に重要な目的があれば，ある程度効率性を犠牲にしても，それを優先させることは可能であり，かつ必要である。

[279] WTO政府調達協定を前提にした付帯的政策については，ARROWSMITH, supra note 268, Ch.13 等参照。EUにおける理論上，実際上の諸問題の検討として，ARROWSMITH AND KUNZLIK, supra note 268 参照。比較法的な考察は別著に委ねる。最近の展開として，1万ユーロ以上の建築工事の公共契約について，建築・公共工事についての団体協約によって定められる最低賃金を当該契約に携わる従業員に支払うことに合意する事業者のみに受注させるドイツ国内法を，海外派遣労働者指令（Directive 96/71, the Posted Workers Directive）に反するとしたDirk Rüffert v. Land Niedersachsen 欧州裁判所判決（Case C-346/06, 3 Apr. 2008）はひとつの重要な考察対象となろう。公共契約だけに適用されるとする国内法が「普遍的適用」の要請を満たしていないとしたこの判決が，同法の適用によって人件費上の競争優位の事業者による発揮が妨げられ，市場アクセスに対する障害が発生することになると指摘した（Id., para 14）ことは，公共調達をめぐる付帯的政策の問題に対して重要な示唆を与えるものとなっている。See ARROWSMITH AND KUNZLIK, supra note 268, at 2.
　我が国においては，国レベル，地方自治体レベルとで論じ方が異なるだろうし，WTOやEUのように貿易上の障壁除去や域内市場の統合といった共通の目的がないので，同じ議論がそのまま当てはまるとはいえない。また，米国の場合，「準」完全かつ公開の競争の適用場面としてFAR上定められている方式が付帯的政策を意識したものであることは，そもそも米国法においては付帯的政策が会計法令にビルトインしている（中小企業対策）ものであり，我が国の問題とは議論されるべきステージが異なるものになっていることに注意しなければならない（楠・前掲注(38)の該当箇所参照）。山田・前掲注(278)で参照されている米国における付帯的政策の例は法律等議会を通じたものばかりである。

第3節　調整の考え方

第1款　競争政策の観点から

1　競争政策からの付帯的政策への懸念

　付帯的政策は，従来は競争を制限する形でなされてきた。というのは，ほぼ例外なく最低価格自動落札方式が用いられてきたからである。つまり競い合う対象が価格のみに限定されていたので，付帯的政策を遂行するためには競争性の唯一の指標である落札率が高まる帰結を招くことになるからである。随意契約を用いたり，競争入札において入札参加資格を絞り込んだりすることで付帯的政策を追求しようとすれば競争単位は減少し，結果，価格の上昇を招く危険を高める。

　そういった事情から公共調達にかかわる付帯的政策のあり方に対しては，公正取引委員会がこれまで何度となく牽制してきた。例えば，1999年12月27日に，公正取引委員会事務総局経済取引局長は建設省建設経済局長との連名で都道府県知事宛てに「行き過ぎた地域要件の設定及び過度の分割発注について」と題する要請を行っており[280]，その中で以下のように述べている[281]。

　　　行き過ぎた地域要件の設定や過度の分割発注は，入札に参加するメンバーが固定化されること等を通じて入札談合を誘発・助長するおそれがあるなど，市場における競争が制限・阻害されること等につながるため，競争の確保に十分配慮すること。

　また，2003年に公表された，外部有識者を構成員とする公正取引委員会「公共調達と競争政策に関する研究会報告書」[282]においては，地域要

---

[280]　公経総74号，建設省経入企発第27号（1999年12月27日）。
[281]　そこでは，地域要件や分割発注が「地元状況を踏まえた円滑な工事施工への期待や，地域経済の活性化，雇用の確保等の観点から行われている」ものと認識されている。同前。

件の設定，共同企業体，分割発注，ランク制等に分けて付帯的政策のあり方について触れている[283]。

　地方公共団体等においては，競争入札を行うに当たり，事業者の競争参加資格として，地域要件が設定されることが多い。地域要件の設定により地元の業者に発注することは，例えば公共工事について，将来における当該施設の維持・管理を適切に行うとの観点から合理性を有する場合もあると考えられるが，これによって入札参加業者が固定化したり，十分な入札参加業者が確保されないなど，入札の競争性が失われる場合には，入札制度の趣旨に反するのみならず，入札談合を誘発・助長するおそれが強い。また，多数の地方公共団体が地域要件を設けている中で，特定の自治体だけがそれを廃止した場合，当該入札の自治体には周辺の自治体の事業者が参加できるのに，当該自治体の事業者は周辺自治体の入札には参加できないという状況が生じることから，地方公共団体側に個別に自主的な取組を期待することは困難な面がある。

　公共工事等においては，例えば特定の建設工事について，共同企業体が結成されることがある。共同企業体の結成は，地域の実情に詳しい地元企業が加わることで地域独特の手法を反映させたり，大規模工事におけるリスク分散を図ることにより効率的で経済的な工事ができるなど，合理的な場合もあると考えられるが，受注機会の配分として機能しているとの指摘があり，また，談合が誘発されかねないといった問題がある。
　…競争性を確保していく観点からは，事業者が，上記のような地元企業の有利性や大規模工事のリスク分散等の観点から，自主的に他の事業者と共同企業体を組織すること自体は何ら問題を生じるものでは

282　本著注（119）。
283　第三部3(2)。

ないとしても，発注者サイドにおいて，共同企業体の結成を発注の条件としてこれを事業者に義務付け，事業者の自主的な事業活動に関与することは適当ではないと考えられ，こうした義務付けは廃止していくことが適当と考えられる。

　分割発注については，中小企業の受注機会の確保や調達案件の規模の適正化等を勘案して行われることがあるが，行き過ぎた運用が行われる場合には，公共調達が非効率となり，競争性が確保されないこととなることから，発注者は，分割発注を行う場合には，その理由を公表することが望まれる。分割発注の理由について透明性が確保されることによって，過度の分割発注が抑止されるものと考えられる。
　…ランク制についても，行き過ぎた運用が行われる場合には，事業者の棲み分けを促し，競争を制限する効果を持つことから，競争性を確保していくためには，事業者が固定化しないよう，同一ランクにおける十分な事業者数の確保に配慮するとともに，ランクを統合していくといった見直しを不断に行っていく必要がある。

　近時，地方公共団体の中には，地元経済の活性化等を目的として，公共工事の受注業者との契約において，地元業者を下請業者として使用することや，地元産品を利用することに努力する旨の規定を設ける事例がみられる。こうした活動が，一般的な要請の範囲を超え，事業者に対してこれを義務付ける場合には，事業者の自由な事業活動を制限するおそれがあることから，好ましくないものと考えられる。

要するに公正取引委員会の対応を見ると，地域要件の設定，共同企業体，分割発注，ランク制については競争性の確保の観点から，そして地元下請けの義務付けについては事業者の自由な事業活動を制限するおそれの観点から，それぞれ競争政策上問題があると指摘している[284]。
　ここでいう調整原理は，一言でいえば競争性を低下させない限りでの付

帯的政策の許容である。競争性が反映するところの公共調達が実現する本来的目的における経済性に変化がない限りで付帯的政策を認めようとする考えといってもよいかもしれない。ここでいう許されない競争性の低下がどの程度のものなのか，その結果としてそこでいう経済性がどの程度まで低下しても付帯的政策は許されるのか，あるいは経済性の低下を伴う付帯的政策は一切許されないのか，といった調整問題については一切踏み込んだものにはなってない。そもそも何故，競争政策を優先的に位置付けることが正当化されるのだろうか。そこで競争性の確保が実現しようとしているものが何故に付帯的政策よりも優先されるのか。

2　付帯的政策が競争的になされる場合

　上記で見たように，付帯的政策の実現は競争政策の観点から懸念される場合が一般であるが，例外もある。それは，発注者が行おうとする付帯的政策の実現に資する業者を非価格点において評価する総合評価方式が採用される場合である。このような方式が採用されれば，付帯的政策の遂行は競争促進的になされることになる。簡単にいえば，付帯的政策が競い合いの対象となるのである。

　会計法令上，総合評価方式は「その性質又は目的から」最低価格自動方

284　追加として挙げると，例えば，2008 年 5 月に公表された公正取引委員会「公共調達における改革の取組・推進に関する検討会」報告書（本著注 (263)) においては次のように記されている。

　　　地元事業者の育成と公正な競争の確保については，発注機関では，地元事業者の育成のため一般競争入札において地域要件を設定しつつ，競争性を確保するため一定の入札可能事業者数を確保することや入札参加企業を固定させない等の取組が行われている。
　　　公正取引委員会は，地域要件の設定については，従来から，発注機関において，地元事業者の受注の「機会」の確保にとどまらず，「結果」の確保まで配慮された運用が行われる場合は，地元事業者の競争的な体質を弱め，地元事業者の健全な育成を阻害する結果となってしまうものと考えられ，地域要件については一定数以上の事業者の入札参加が期待できる場合に課すなど，入札参加者の固定化の防止や十分な入札参加者の確保に配慮した運用が必要との考えを示してきた…。

　　　ただ，いずれにしても，これらの競争制限なルール設定行為を独占禁止法違反と指摘している訳ではない（この点については後述する）。

式に「より難い」（予決令91条2項）場合に認められるものであり，そこでいう「その性質又は目的」を公共調達の本来的な目的に限定しようという考え方に立つならば，そもそもそのような内容の総合評価方式は許されないことになる。

実務的には，一部地方自治体において既に地域貢献や企業の社会的責任（Corporate Social Responsibility: CSR）といった要素を非価格点で考慮する総合評価方式が採用されているし，平成23年改訂の適正化指針においても「総合評価落札方式において，競争参加者に加え，下請業者の地域への精通度，貢献度等についても適切な評価を図るものとする。」[285] と述べられている。

この場合の調整は競争政策の観点から行われ得るものではなく，そもそも競い合いの対象として付帯的政策を持ち込んでもよいかの議論であり，それは公共調達の目的としての経済性とは何か，あるいは経済性以外の要素をその目的としてもよいか，そしてそうであるならばどこまで許容されるのか，という基本問題が問われることになる。そこでは「競争性を確保する」などという観点からの調整は意味のないものとなる。

第2款　調整原理

競争政策という観点は調整原理としては役に立たない。公共調達分野においては，独占禁止法上広く受け入れられている競争それ自体の価値は無関係で，公共調達の目的を効率的に実現するための手段的価値のみが関心事だからである[286]。

伝統的な付帯的政策を否定する議論は，本来的目的を盾としたカテゴリカルな遮断論である。法解釈としては，競争の射程を決める入札参加資格設定や，総合評価方式における「その性質又は目的」の文言を，本来的目

285　適正化指針（本著注（256））では「災害時の迅速な対応等の地域…の特性に応じた評価項目など，当該工事の施工に関係するものであって評価項目として採用することが合理的なものについて，必要に応じて設定」といった折衷的な表現となっている。

的に限定して読もうとする議論である。しかし,「その性質又は目的」が何故に本来的目的に限定され,付帯的政策を狙いとする公共調達の「性質又は目的」を読み込んではいけないのかについての議論には到達していない。調整原理としては,「もともとそうだったから」以上の主張にはなっていないのである。

　結局のところ,公共調達において付帯的政策が許容されるか否かの判断基準,あるいは許容範囲を画定する調整基準は,用いられる金銭に見合う価値が付帯的政策を考慮した入札・契約手法において期待できるかどうか,に拠ることになるだろう[287]。しかし,本来的目的における経済性と付帯的政策における効率性とを同じ土俵で比較衡量しようとしても,そのような問題設定自体が「大雑把に過ぎ,有用性を欠」く[288]。

　そもそも付帯的政策における効率性の定量的な評価は困難であり,可能であっても評価自体にコストがかかったり,評価の誤りや偏りの危険というコストの発生が生じたりもする[289]。また,財政過程の透明性の観点からの懸念もある[290]。確かに,公共調達において「もともとそうだったから」という理由で公共調達における付帯的政策の実現を否定するのは説得力を欠くが,これらの問題を考慮した上で,だからこそそもそも公共調達においては本来的目的以外の追求をしてはならないという見方をするならば,一定の説得力を持つことになる。

---

[286] 独占禁止法上の議論では競争が存在することを選択の自由が存在することと同視し,そこに競争の価値を見出そうとする見解があるが,公共調達においては自由それ自体の価値には無関心であって,そのような自由がなくとも効率性獲得が実現できればそれでよいと考える。また,競争の存在を平等の実現と同視する見解もあるが,競争者が平等の地位に置かれていることはそれが手続としての公正さの担保のためにあると考えるのではなく,独占資本主義の進展によって従属的な地位に置かれることとなった中小企業の保護に向けられるものである。それはむしろ付帯的政策の課題であって,会計法令が競争性の確保を要請することと無関係である(そのような実質的平等の実現という意味での競争は会計法令の要請する競争とはそもそも性質が異なる)。
[287] 藤谷・前掲注(213) 69 頁以下(付帯的政策の社会的厚生に与える影響を考えるフレームワークを説明している)。
[288] 同前 73 頁。
[289] 同前。もちろん,どのような政策評価であっても評価の誤りや偏りのリスクはある。
[290] 同前 71〜72 頁。

第3款　付帯的政策が認められる場面の法的分析

　公共調達分野において付帯的政策の実現がなし崩し的になされている現状をそのまま肯定したり，そもそも論のみを以てカテゴリカルに否定したりするだけでは議論にならない。第2款で述べたように，本来的目的における経済性と付帯的政策における効率性とを定量的に比較することは困難であるけれども，何らかの選択の視点から公共調達分野における付帯的政策を考慮する（ことが許される）場面と考慮の（許される）程度について類型化する作業が必要になるだろう。

　公共調達はさまざまな目的でなされる。例えば沖縄振興予算においてなされる沖縄県内の地方自治体の公共調達であれば，競争政策上の懸念がいかに大きかろうが（いわゆる「WTO案件」でもない限り）地域要件を厳格に設定し，地元業者のみが受注者となるような入札参加資格の設定等をすることが予算それ自体の性格として求められることになりそうである[291]。沖縄振興予算や（その根拠となる）法律における政策目的と公共調達における付帯的政策とがオーバーラップするからである。この場合，採用される付帯的政策は「一次的な」性格を有するものとなる。

　問題となるのは，公共調達の本来的目的において追求されるべき経済性とは異なる政策上の効率性を実現しようとする場合である[292]。

1　会計法令内における法的要請と許容性

(1)　トートロジーに見える構造

　付帯的政策を積極的に推し進めようとする論者には，「経済性の追求」という目標は，付帯的政策を否定する論拠には映らないだろう。地方自治

---

[291]　もちろん，社会基盤整備等の充実のための予算であって地元雇用促進や地元産業振興等の政策的目的はそこにはないという見方も可能である。この点，根拠法としての沖縄振興特別措置法（平成14年法律第14号）では公共調達における付帯的政策の射程は必ずしも明確ではない。

[292]　藤谷・前掲注(213)63頁。入札談合業者に対する入札参加資格の停止（予決令71条等）や暴力団関係業者の公共契約からの排除（本著第2部第4章第2節）については，そもそも契約相手として相応しくない（すなわち公共調達の本来的目的の実現にマイナスに作用する）という観点からの対応であり，付帯的政策の問題ではないと考えられている。同前63頁，碓井・前掲注（223）338頁。

法にいう「最小の経費で最大の効果」というのは経済性の追求を目標にするから経済性原則というのであり，会計法にいう「最低の価格」というのは経済性追求という目標を前提にした Value for Money の追求に見えるからである。つまり，論じるべき対象は初期設定としての目標（実現されるべき価値）に他ならず，その目標の射程は何か，という点ということになる（value の画定）。

(2) 実定法上の検討対象

会計法令上，契約方式（の選択）において付帯的政策の実現は次のように読み込むことになろう（以下，会計法，予決令のみ言及する）。

①契約手法ついて一般競争入札ではなく，指名競争入札あるいは随意契約が選択される場合について会計法は，「契約の性質又は目的により競争に加わるべき者が少数で第1項の競争に付する必要がない場合及び同項の競争に付することが不利と認められる場合においては，政令の定めるところにより，指名競争に付するものとする。」（29条の3第3項），「契約の性質又は目的が競争を許さない場合，緊急の必要により競争に付することができない場合及び競争に付することが不利と認められる場合においては，政令の定めるところにより，随意契約によるものとする。」（同4項）と定めている。ここで「契約の性質又は目的」が何を指すのか次第で，競争の必要性，優位性あるいは可能性が判断されることになろう。そこでは，競争入札が原則採用されていることは決定的な指針にはならない[293]。

②最低価格自動落札方式ではなく総合評価方式が採用されるとき，会計法は，「その性質又は目的から前項の規定により難い契約」（29条の6第2項。「前項」は最低価格自動落札方式を指す）に認められるものであり，その許容性は「契約の性質又は目的」に拠ることになる。

③入札参加資格のうち，「各省各庁の長又はその委任を受けた職員」が「工事，製造，物件の買入れその他についての契約の種類ごとに，その金額等

---

293 結論からいえば，付帯的政策それ自体が正面から問題とされることがなかった。地域性に関していえば，指名競争入札を前提とした強固な貸し借りの関係が地元業者との間で結ばれており，これらの業者の安定受注を維持し続けている限り，地域

に応じ，工事，製造又は販売等の実績，従業員の数，資本の額その他の経営の規模及び経営の状況に関する事項について一般競争に参加する者に必要な資格を定めることができる」のは「必要があるとき」（予決令72条1項）であり，その必要性について何ら規定はない。

④入札参加資格のうち，「契約担当官等」が「一般競争に付そうとする場合において…各省各庁の長の定めるところにより，前条第一項の資格を有する者につき，さらに当該競争に参加する者に必要な資格を定め，その資格を有する者により当該競争を行なわせることができる」のは「契約の性質又は目的により，当該競争を適正かつ合理的に行なうため特に必要があると認めるとき」である（予決令73条）。ここで競争の適正さと合理性の判断基準は「契約の性質又は目的」に見出されており，その内容自体はそれだけでは何ら明らかではない。

一方，契約条件において付帯的政策の実現を行うことを正当化する法的根拠は，先に挙げた一般原則あるいはその関連規定に見出すしかない。前

振興，地元雇用，地産地消といった付帯的政策を敢えて問題にしないでも十分対応できていた。
　では，その指名はどのような正当化理由でなされてきたのか。
　会計法29条の3第3項は「契約の性質又は目的により競争に加わるべき者が少数で第一項の競争に付する必要がない場合及び同項の競争に付することが不利と認められる場合においては，政令の定めるところにより，指名競争に付するものとする。」と定めている。
　この規定を受けた予決令102条の4は，「各省各庁の長は，契約担当官等が指名競争に付し又は随意契約によろうとする場合においては，あらかじめ，財務大臣に協議しなければならない。ただし，次に掲げる場合は，この限りでない。」と定め，その2号で「一般競争に付することを不利と認めて指名競争に付そうとする場合において，その不利と認める理由が次のイからハまでの一に該当するとき」と定め，以下の通り列挙する。

　イ　関係業者が通謀して一般競争の公正な執行を妨げることとなるおそれがあること。
　ロ　特殊の構造の建築物等の工事若しくは製造又は特殊の品質の物件等の買入れであつて検査が著しく困難であること。
　ハ　契約上の義務違反があるときは国の事業に著しく支障をきたすおそれがあること。

　高柳＝有川『官公庁契約精義』に拠れば同号ハについて「契約の相手方の義務違反があった場合に，単に損害賠償だけでは補てんされないような支障を来すものであって，例えば，国の特定事業の開始が一定の期日と定められ，それに間に合うようにしゅん工期限を定めた工事請負契約において，その完成が遅延した場合には，

に触れたように公正取引委員会は競争政策上の懸念を表明してはいるが，それ自体特に法的根拠があってのことではなく（独占禁止法違反を指摘している訳ではない），競争政策上の懸念が合理性の欠如と結び付いて初めて説得性を持つに過ぎない。総合評価方式において付帯的政策が競争的になされる場合には，そもそもそのような思考枠組みが通用しないことについては既に指摘した。

(3) 法形式からの検討

これら規定のうち，「契約の性質又は目的」という表現が用いられていない予決令 72 条 1 項の存在が目立つ。これはいわゆる経営事項審査数値等に基づくランク制を根拠付ける規定である。そこでは「必要があるとき」とだけ定められ，「契約の性質又は目的」にその必要性が結び付けられていない。

この表現の違いに注目するとするならば，このランク付けとランクに応じた発注についてはいわゆる付帯的政策の許容範囲は広く，それ以外の，入札方式の選択，競争対象の選択，入札参加資格の設定についてはその範囲は狭いという区分けができるかもしれない。確かにランク制の実際を見るならば，官公需法あるいはそれを超えた中小企業保護政策の一環として行われているという色彩は否めない。ある工事を発注する際，下位ランクが上位ランクの仕事をするのは困難であるが，逆はそうではない。そうであるにもかかわらず上位ランクと下位ランクの垣根を厳格に分けるというのであれば（実際そうである），それは公共調達の本来的目的の実現だけでは説明できない要素がそこに入り込んでいるということなのかもしれない。

直ちに当該事業に著しい支障をきたすようなものである。そこで，このような請負契約においては，信用等の確実な者だけを指名して競争させる必要がある。」（高柳＝有川・前掲注(57) 600〜601 頁）とされている。つまり履行確保の必要性故の指名競争入札の正当化である。社会基盤整備に限らず，公共調達の多くにおいて，契約違反があれば公共サービスの提供に支障をきたすのであって，この規定を拡大して理解すれば指名競争入札を原則化することもできることになる。

なお，地方自治法施行令はその 167 条の 5 の 2 で「普通地方公共団体の長は，一般競争入札により契約を締結しようとする場合において，契約の性質又は目的により，当該入札を適正かつ合理的に行うため特に必要があると認めるときは，前条第一項の資格を有する者につき，更に，当該入札に参加する者の事業所の所在地又はその者の当該契約に係る工事等についての経験若しくは技術的適性の有無等に関する必要な資格を定め，当該資格を有する者により当該入札を行わせることができる。」と定めている。いわゆる地域要件が「契約の性質又は目的」から正当化されていることを明示しているのであるが，今いった表現の違いを強調するのであれば，地域要件の設定は付帯的政策の実現のためではなく，公共調達の本来的目的の実現のため（そういう意味での経済性の実現）にあるという説明が妥当することになろう。この点について，一見違和感を覚える説明もかつては広く受け入れられてきた。すなわち履行確保のため，という説明である。しかし，現在ではそのような説明は説得力に欠けるという指摘もある。公共契約にかかわる解説書の中で最も定評のあるもののひとつである『官公庁契約精義』において次のように述べられている[294]。

　　これまで，必ずしも十分な情報を有していない地方公共団体にとって，情報を的確に入手しうる地域に事業所が所在する者に限り入札参加を認めることにも合理性の認められる場合もあったが，そのような状況も，情報の集積と利活用によって次第に解消されてきたと考えられる。実際，公共工事入札契約適正化指針においても，地域要件の設定は，地域の中小・中堅建設業者の育成のほか，将来における維持・管理を適切に行う観点から合理性を有する場合もあるが，過度に競争性を低下させるような運用にならないよう留意することを求めている。

2　会計法令外からの法的要請と許容性

　公共調達分野における付帯的政策の実現が会計法令以外の法令によって

294　高柳＝有川・前掲注(57) 126 頁。

要請される場合がある。その典型例は官公需法である。その他に環境政策分野ではいわゆるグリーン購入法（正式名称は「国等による環境物品等の調達の推進等に関する法律」）[295]が，差別解消については男女雇用機会均等法（正式名称は「雇用の分野における男女の均等な機会及び待遇の確保等に関する法律」）[296]，男女共同参画社会基本法[297]が，防災については災害対策基本法[298]が，それぞれ公共調達における契約者選定過程や契約内容の規律に影響を与える法令の例となっている。

　個々の法令の内容については他に譲るが，ここではこれら法令の要請が会計法令の中にどのように取り込まれるかについて検討しよう。

　先ずグリーン購入法2条1項に基づいていわゆる環境物品等の調達を行うような場合には，それは調達対象それ自体が付帯的政策を帯びるものになっているので，会計法令における契約者選定過程に影響を与えるものにはなっていない。

　差別解消や防災については，主としてランク区分での評価や総合評価方式における非価格点での評価における考慮対象となり得るものである。場合によっては，直接的に随意契約を通じて政策目的が実現されることもある。これら社会的要素を考慮した公共調達は「CSR調達」などといわれることもある。

　官公需法に基づく中小企業保護目的の公共調達は，我が国では最も広範囲にかつ大規模に行われている付帯的政策となっている。その実現手段は多様で，発注ロットを小さくするための分離発注，分割発注のようなそもそもの契約対象の絞り込み[299]から，入札参加資格におけるランクの設定，場合によっては地域要件をかけることで地元中小企業のみを受注者にできるように操作することもあり得る。指名競争入札や随意契約（少額随意契約）を用いた中小企業優先発注は中小規模の地方自治体では頻繁に行われ

295　平成12年法律第100号。
296　昭和47年法律113号。
297　平成11年法律第78号。
298　昭和36年法律第223号。

ている。

　ここで注意しなければならないのは，しばしば官公需法を引き合いに出して正当性が主張される中小企業優先発注であるが，その多くが，官公需法が定める中小企業の射程[300]よりもはるかに小さい中小企業への優先発注がなされているということである。結果的に，官公需法の要請に応えているものの，公正取引委員会の懸念する競争性を低下させる政策実現手法になっているという問題がそこにはある（ただ，現在のように需給バランスが崩れダンピング傾向に拍車がかかっている状況ではどのようなランク分けをしても相当の競争性が確保できるという見方もできる）。

　問題は，これら法令の要請を，指名競争入札，随意契約といった契約手法，総合評価方式，各種入札参加資格の設定において，求められる「契約の性質又は目的」（ランク制の場合は除く）の要件に含めることができるのかということである。あるいは分離，分割発注の狙いがこれら法令への対応にある場合，会計法令に明示的，あるいは当然に要請される公共調達の本来的目的からの経済性追求の要請とどのように折り合いを付ければよいのであろうか。これら付帯的政策を要請する法令に応えるためには，どのような手段を用いてもよい訳ではあるまい。また，これらの法令の要請

---

[299] 毎年，官公需法に基づいて政府は「中小企業者に関する国等の契約の方針」を閣議決定しているが，2012年度のそれ（2012年6月22日閣議決定）(http://www.chusho.meti.go.jp/keiei/torihiki/2012/download/0622keiyaku-houshin-2.pdf) においては，分離・分割発注について次のように述べられている（3(1)）。

　　①国等は，物件等の発注に当たっては，価格面，数量面，工程面等からみて分離・分割して発注することが経済合理性・公正性等に反しないかどうかを十分検討したうえで，可能な限り分離・分割して発注を行うよう努めるものとする。
　　②国等は，分離・分割発注に際し，中小企業庁が取りまとめる効率的な分離・分割発注に係る事例を参考として活用するとともに，分野に応じて，部内の人材育成又は外部人材の活用等により，発注能力の向上等体制整備に努めるものとする。
　　③公共工事においては，公共事業の効率的執行を通じたコスト縮減を図る観点から適切な発注ロットの設定が要請されているところであり，国等は，かかる要請を前提として分離・分割して発注を行うよう努めるものとする。

　これに関連して，後掲注（474）の橋梁談合事件高裁判決を参照。

[300] 官公需法2条1項各号に「中小企業者」の定義が置かれている。

を超えた付帯的政策の実現（官公需法でいえばWTO案件を除き全てを中小企業発注にするなどの対応）が許されるのか，許されるとしてどこまで許されるのか，という問題も生じよう。

　導かれる結論は，結局，競争性を低下させない限りにおいて，という公正取引委員会のような線引きの仕方になりがちである。しかし，大企業を含む入札参加資格の設定と小企業だけに限定するそれでは仮に応札可能業者数が同じであっても競争性は異なるはずである。「競争性を低下させない限り」という表現の意味するところは実は曖昧にされたままであり，漠然と一定数以上の応札可能業者数を確保することだけが要請されているようにも思え，もともとの問題設定であった本来的目的における経済性の追求と付帯的政策における効率性の追求との調整が正面からなされている訳では決してない，といわざるを得ない。

第 4 款　契約上の義務付けについて

　地元（中小）企業を保護する目的で，受注者に対して契約上，地元下請業者への下請けを義務付けたり地元資材業者からの買い付けを義務付けたりすることがある[301]。一般には，そのような義務付けはより廉価になるはずの契約金額を引き上げる効果を有する。そうでないならば地元業者への契約上の義務付けを敢えてする理由がなくなるからである。故に，発注

---

[301] 中小企業庁が2011年1月にまとめた各都道府県における取組例（「中小企業者（地元業者）への受注機会増大のための措置」という表題が付いている）には，請負業者に対する下請発注を地域内業者にすることの要請として，例えば，「落札した全ての請負業者に対し，下請発注する際は地域内業者への発注を要請」「請負業者に対し，適切に施工できる地域内企業がいない特殊な工事を除き，地域内業者への下請けを義務づけ」「契約書に特約条項を設け，下請企業への県内企業優先努力義務として規定（指名競争入札などの場合）」「指名基準として，施工場所付近での営業所所在者，専業者等を優先」が挙げられている。同様に，請負業者に対する地域産資材の調達の要請として，例えば，「落札した全ての請負業者に対し，地域産資材の活用を要請」「請負業者に対し，工事で使用する主要な土木資材（生コン類，採石類等）は，品質に問題が生じない限り，地域産資材の使用を義務づけ」「契約書に特約条項を設け，地域産材の優先使用を努力義務として規定（指名競争入札などの場合）」が挙げられている（http://www.chusho.meti.go.jp/keiei/torihiki/kankouju/reference/100100LocalPlus.pdf）。

者にとっては付帯的政策の実現には資するが，その分高く付くことになる。
　公正取引委員会は，このような契約上の義務付けに対して次のように見解を示している[302]。

　　埼玉県においては，厳しい経営環境に直面している県内建設産業の支援策の一環として，5月15日に1つの方針が打ち出さ…た。その内容は，WTO政府調達協定対象工事を除く建設工事について，請負業者との契約に，県内下請業者及び県産品を利用するよう努力義務規定を設けるというものであると承知して（いる）。
　　県内下請業者や県産品の利用については，当委員会としては，従来，受注業者に対して地元業者を下請業者として利用することや，県産品の利用を促進することは，地元経済の活性化や中小企業対策等を目的として，一般的な要請の範囲で行う限りにおいては，地域政策の範ちゅうの問題であるという考え方をしてきて（いる）。しかし，一般的な要請を超えて利用を義務付ける場合には，事業者の自由な事業活動を制限するおそれがあることから，競争政策上好ましくないと考え（る）。
　　仮にこういったことが広く行われ（る）と，モンロー主義のようなものであり…，政府調達行動が，国ごとに，また，地域ごとに行われて，物やサービスの自由な流通が妨げられる…。競争政策の観点から言えば，より安いものを調達していこうという姿勢に反することにもなると思われ（る）。

　以上の指摘には競争政策上三つの含意があるように思える。
　第一に，競争入札は本来的な公共調達の目的の観点から競争のメリットを最大限引き出すように運用されなければならず，契約上の義務付けはこの要請に反する，ということである。発注者による国民，住民の利益を増

302　2003年5月21日公正取引委員会事務総長会見記録（http://www.jftc.go.jp/teirei/h15/kaikenkiroku030521.html）。

進する責務に違反することの問題，あるいは競争制限行為の問題である。前者は付帯的政策それ自体の是非論と結び付き，後者は発注者の事業者性の問題と結び付く。発注者に事業者性が認められるのであれば独占禁止法違反の問題になり得ることになるが，そうでなければ法令違反の問題ではなく純粋に政策上の示唆ということになる。

　第二が，契約上の義務付けを受けた受注者側の事業活動の自由が不当に制限されるということである。取引相手の制限は，事業者の自由な意思決定に委ねられるべき選択の射程を不当に狭めるものであり，自由市場の根幹を揺るがすものであるという発想が，競争政策上の問題点として指摘されている。独占禁止法違反に引き付けていうならば，不公正な取引方法のうち拘束条件付取引（2条9項6号，一般指定12項)，あるいは場合によっては優越的地位濫用が意識されているといえる。

　もうひとつが，下請事業者や資材業者を特定地域に限定することで，受注者をめぐる競い合いが制限されることになり，競争減殺型の反競争性が生じるということである。独占禁止法違反に引き付けていうならば，不公正な取引方法のうち拘束条件付取引が意識されているといえる。この場合，扱われる市場が「受注者をめぐる」それに限定されているので，果たして競争政策上どの程度重く見るべきか，という問題が生じることとなろう。

　公正取引委員会としては，仮に上記のような契約上の義務付けが受発注者間でなされたとしても独占禁止法違反が認定されるとは考えていないようだ。何故ならば，発注者は独占禁止法の違反主体である「事業者」（2条1項）であると考えられていないからだ。公正取引委員会事務総局編の「入札談合の防止に向けて―独占禁止法の執行と発注者側の取組―」（2006年11月）と題された研修テキストにおいて，独占禁止法の「対象は事業者又は事業者団体で」あり，「独占禁止法上，発注機関は，例えば入札談合があったために通常より高い価格で契約せざるを得なかったなど，入札談合という独占禁止法違反行為の被害者として位置付けられ（る)」とし，また，「入札談合事件に対する措置が行政処分（排除措置命令，課徴金納付命令）の場合には，独占禁止法上，事業者ではない発注機関に対し措置

を講じることはでき（ない）」と説明されている[303]。

公正取引委員会は「地方公共団体からの相談事例集」（2007年6月）の中で，公共工事に当たり受注者側に対しリサイクル品を使用することを契約上義務付けようとしたある地方自治体の相談に対する回答を紹介している[304]。

相談事例は次の通りである。

(1) Q県では，資源の循環的な利用と廃棄物の減量を促進するとともに，リサイクル産業の育成を図るため，再生アスファルトや再生コンクリートといった品目について，県内から発生する廃棄物等を原材料としたリサイクル製品を県が認定する制度を創設しており，県が実施する事業において認定を受けた製品を優先的に使用するように努めている。

なお，当該リサイクル製品の認定要件は，県内の事業場で製造・加工され，又は県内に主たる事業所を有する者により製造・加工されることとなっている。

(2) Q県では，特定の工事について，入札の参加要件として，県が認定したリサイクル製品の使用を設けたいと考えているが，この場合，特定のリサイクル製品のみに限定されることになるが，競争政策上問題はないか。

なお，Q県が認定するリサイクル製品を取り扱う事業者は複数存在し，県が発注する特定工事に参加する事業者は，当該リサイクル製品を容易に入手ができる状況にある。

---

[303] 公正取引委員会事務総局「入札談合の防止に向けて―独占禁止法の執行と発注者側の取組―」（2006年11月）6頁。
[304] 公正取引委員会ウェブサイト（http://www.jftc.go.jp/pressrelease/07june/07062001-tenpu.pdf）相談事例13。

この事例について公正取引委員会は,「独占禁止法及び競争政策上の考え方」と題する箇所で,次の競争分析を行っている。

(1) 本施策は,資源の循環的な利用,廃棄物の減量,リサイクル産業の育成等を行うため,特定工事に使用する資材を県が認定するリサイクル品に限定するものである。
(2) 一般に,市町村等の行政機関が,法令にのっとり,どのように入札を行うかは各行政機関の判断にゆだねられている。しかし,入札に関する条件等を過剰に課すこととなれば,入札参加者が一部の事業者に限定され,競争を通じた価格の引下げや品質の向上等の競争入札によって期待される効果が得られないこととなる。
(3) 本件においては,特定の工事に限って県が認定するリサイクル製品の使用を義務づけるものであり,かつ,入札参加事業者が当該リサイクル認定製品を入手することは容易であることから,本施策により,Q県発注の工事から一部の事業者が排除される可能性は低いものと考えられる。

公正取引委員会が導いた結論は「特定工事の入札に当たって,使用製品を県が認定するリサイクル製品に限定することは,その対象工事が限られており,かつ,県のリサイクル認定製品の入手が容易であることから,競争に与える影響は軽微であり,競争政策上問題となるものではない。」というものであった[305]。

競争分析の妥当性はここでは問わないが,公正取引委員会が独占禁止法違反の問題とはいわずに「競争政策上の問題」に終始していることが分かる。公正取引委員会は独占禁止法違反を検討する際と同じような競争分析

---

305 ただし,「なお,そもそも県によるリサイクル製品の認定制度自体についても,例えば,認定基準が,その目的に照らして不当に,特定のリサイクル製品製造・加工業者に著しく有利又は著しく不利である等の場合には,リサイクル製品製造・加工業者間の競争に悪影響を与えることになることから,こうしたことが起きないよう留意する必要である。」(同前) とも述べている。

第5款　バイパス的な付帯的政策への懸念

公共調達における付帯的政策の実現に対する最大の懸念は，それ自体の必要性の有無ではなく，そのような付帯的政策の実現のための手法を別途用意することができるし，そうすべきだという考えから導かれる。

ひとつの懸念は手続的なそれである。藤谷武史に拠れば，「…通常の政策費用であれば，予算編成過程において明示化された上で，他の政策目的との間で優先順位づけが行われる。また，近年では事後的な政策評価の重要性も強調されるようになっている。付帯的政策は，こうした財政的規律を潜脱するものとして，否定的に評価されるのではないか，と思われる。」[306] 社会的政策の実現のための補助金であるならば，補助金というコストと実現されようとする社会的政策との関係が吟味される。同じ発想でいえば，もし，公共調達の本来的目的にいう経済性の低下が付帯的政策の実現のためにもたらされるのであれば，その経済性の低下というコストが付帯的政策の実現に見合うものであることが予算の正当化根拠となるはずだが，公共調達分野における付帯的政策の実現に際して発注者側でそのような吟味が事前，事後になされている訳では決してない[307]。

もうひとつの懸念が，公共調達分野における付帯的政策の実現それ自体の非効率性（効果の薄さ）に対するものがある。

この懸念について次の三つの視点が提示されよう[308]。

第一に，公共調達を通じてなされる付帯的政策は，契約過程によるそれであり，その契約者となり得る者が限定的であればその効果も限定的なら

306　藤谷・前掲注(213) 71頁。
307　こうした議論がこれまで我が国でなされてこなかったのは，予定価格での契約が当然視されていたからであろう。つまり付帯的政策が反映しようとしまいが，契約金額の変動がなかったが故にコストの視点が欠如していたのである。
308　藤谷・前掲注(213) 72〜73頁。

ざるを得ない，という懸念がある[309]。

　第二に，他の実現手段よりも公共調達を通じた付帯的政策実現の方が効果的であるかについての疑問がある[310]。例えば，補助金を通じた付帯的政策実現の方がより直接的で効果的なのではないかという直感は当然に抱き得るものである。

　第三に，発注者側のインセンティブと整合的かという問題がある。例えそのような公共調達を通じた付帯的政策が全体として望ましいものであったとしても発注者にとって前向きになれないものであれば実現を渋るであろうし，逆に望ましくないものであったとしても発注者として前向きになれるものであれば抵抗はない。ある付帯的政策が全体として望ましく，かつ発注者のインセンティブと整合的なものであって初めて効果的な政策実現が可能となる[311]。

　こうした手続上の懸念，効果にかかわる実体的な懸念があるからといって，公共調達を通じた付帯的政策が一切否定されるという結論が導かれる訳ではない。こういった懸念を解消しつつ，適正な付帯的政策の実現を可能にするための評価，統制手法の構築が重要な課題となる[312]。官公需における監視と矯正の仕組みの中に位置付けられる問題である[313]。

309　「付帯的政策の目的が外部性への対処である場合において，当該市場における事業者が一様に政府調達に参加することに関心を有しているような状況であれば，付帯的政策に基づく政府調達の条件が市場全体の均衡を（外部性を内部化する形で）好ましい方向にシフトすることが可能になるが，事業者の一部のみが政府調達に参加する場合には，市場の分断が生じて，社会厚生改善の効果も限定的とならざるを得ない。」（同前 72 頁）

310　「例えば男女共同参画や雇用機会均等については，それ自体を落札者決定の主要な要素とする例はないようであり，むしろ事業者に対する啓発活動の一環としての象徴的な機能が期待されていると理解することもできよう。象徴的な機能の評価は難しく，結局はこの類型による財政コストの増大が（参加資格・選定基準における強い絞込みとして機能しないことによって）軽微であることによって消極的に肯定されるということになろうか。他方で中小企業政策については，正の外部性がある場合も考えられなくはないが，多くの場合には純然たる所得再分配政策であると考えられるため，（拡張された意味での「経済性」も含めた）効率性の観点からは正当化が困難であると言えよう。」（同前 72 頁）

311　「…当該官庁の政策目的と，付帯的政策の方向性が合致している場合には，付帯的政策による支出膨張を歓迎し，非効率な支出が行われる可能性も高まるが，政策の方向性があわない場合には，当該官庁にとって付帯的政策を遂行することは自らの調達政策にとっての「真水」部分を減少させるコストと認識され，むしろ自発的に抑制的な運用を行う動機を持つのではないかと思われる。」（同前 72～73 頁）

第 4 節 補論：いわゆる「公契約法（条例）」について

第 1 款 ILO94 号条約

公共調達分野における付帯的政策の実現の手法として[314]，最近，「公契約法」「公契約条例」の制定が盛んに議論されている[315]。「公契約法（条約）」と呼ばれているが，そこで議論されている内容は ILO94 号条約（公契約における労働条項に関する条約）[316] と同様のものであり，「公契約労働条件改善法（条例）」とでも呼ばれるべきものである（本節第 4 款でそうでもないものに言及する）[317]。現段階で日本は批准していない。

この種の法律，条例制定の最大の関心事は，ILO94 号条約にも定められている「民間相場以上の労働賃金の支払い」である。つまり労働賃金を最低賃金より上に引き上げることによって労働者の保護を図ろうという付帯的政策の実現を図るところにその狙いがある[318]。

モチーフとなっている ILO94 号条約は，一方当事者が政府または地方

---

312 同前 73 頁以下参照。
313 やや古いが，研究の一例として，竹中勲「アメリカにおける政府契約の法的コントロール（一）〜（三・完）」民商法雑誌 77 巻 3 号 60 頁以下，4 号 55 頁以下，5 号 27 頁以下（1977）参照。
314 付帯的政策の議論のきっかけとして公契約法（条例）の制定を引き合いにするものとして，野田・前掲注(37)がある。
315 全般的な解説として，小畑精武『公契約条例入門―地域が幸せになる "新しい公共" ルール』(2010) 参照。比較法の視点も踏まえた分析として，松井祐次郎＝五十嵐恵「公契約における労働条項―公契約法／条例による賃金規制をめぐる動向と課題―」調査と情報 731 号 1 頁以下 (2011)，松井祐次郎＝濱野恵「公契約法と公契約条例：日本と諸外国における公契約事業従事者の公正な賃金・労働条件の確保」レファレンス 62 巻 2 号 53 頁以下（2012）参照。
316 C94 Labour Clauses (Public Contracts) Convention, 1949. 我が国は同条約を批准していない。条文は ILO のウェブサイト (http://www.ilo.org/public/japanese/region/asro/tokyo/standards/c094.htm) 参照。米国も批准していないが，同条約よりも強力といわれる Davis-Bacon 法 (40 U.S.C. 3141 et seq.) が存在する。
317 この問題についての比較的早い段階での議論として，清水敏「公契約規制立法にかんする一考察」早稲田法学 64 巻 4 号 439 頁以下（1989）参照。
318 公契約条例というと受注者等の労働賃金ばかりがクローズアップされるが，公契約の適正化はそれだけに限られない。受発注者関係の適正化，元下関係の適正化に向けたさまざまな対応が要請されているはずである。付帯的政策の実現へ向けた当該地方公共団体の基本姿勢を盛り込むこともあろう。労働賃金の問題は，そのうちの重要だが一部に過ぎない。

自治体などの公的機関である，一定（土木工事，装置組立て，業務委託等）内容の公契約（1条1項）においては，労働条件についての条項を設けることを義務付けている（2条1項）。具体的には，当該労働が行われる地方において関係ある職業または産業における同一性質の労働に対し，労働協約，仲裁裁定，法令または規則により定められた労働条件の水準を下回らない賃金，労働時間その他の労働条件を関係労働者に確保するものでなければならない。これは直接の受注者のみならず，下請業者にも適用がある（1条3項）。

第2款　先駆けとしての野田市条例

公契約条例の先駆けともいえる千葉県野田市の条例[319]は，おおよそ以下のような内容となっている[320]。

(1) 市長は，公契約に係る業務に従事する受注者や下請負者に雇用されている者やこれらの者への派遣労働者の最低賃金を，最低賃金法とは別に独自に定め，受注者，下請負者，これらの者に労働者を派遣する者（「受注者等」という）にその支払いを義務付ける（6条）。
(2) 市長は，受注者等に対して報告徴収権，立入検査権を有しており（9条），違反者に対して是正命令を行うことができる（10条）
(3) 市長は，是正命令不服従等がある場合には契約を解除することができ（11条），解除した場合にはその旨が公表される（12条）。

この公契約条例の定めは，前に触れた契約上の義務付けを，条例を根拠にして行おうとしているものに他ならない。もちろん，条例を根拠にしよ

319　野田市公契約条例（平成21年野田市条例第25号）。
320　野田・前掲注(37) 2〜3頁のまとめに拠った（一部加工してある）。これに続き川崎市でも似通った条例が制定されている。両者の比較については，上林陽治「政策目的型入札改革と公契約条例（下）」自治総研396号45頁以下（2011）参照。

うがしまいがこういった義務付けを発注者が受注者側に行うことによって競争政策上の問題点が生じるならば，その観点からの批判は避けられない。仮に独占禁止法上の疑義が生じるのであれば，法律である独占禁止法への抵触を条例によって回避することはできない。結局，問題は，付帯的政策の目的の正当性と手段の相当性が競争政策上の問題や独占禁止法上の問題を解消するものとして認識され得るかということになる。付帯的政策がその目的として公共調達分野において正当化され得るもので，その手段が相当なものなのであれば，公共調達の本来的目的に向かって促進されるべき競争が一定程度制限されることは，当然に許容されるべきことになる。公共調達分野においては，競争は手段的な価値しか持たず，それ自体の価値は考慮の対象外である。

もうひとつ，既に論じたように付帯的政策と競争政策は常に衝突するものではなく，総合評価方式の利用によって，競争を促進することで付帯的政策の実現を目指す手法もあり得る。野田市条例はその15条で，総合評価型の競争入札の非価格点において労働者の賃金を評価するとしている。

第3款　批判と反論

最低賃金を超える労働賃金を発注者が契約上受注者側に義務付けることを発注者に義務付ける公契約法（条例）は，いくつかの点で批判されている[321]。なお，公契約「条例」ではなく公契約「法」が制定されるのであれば，法律と条例の抵触という批判は当てはまらなくなることを注記しておく[322]。

---

[321] 以下，批判点と反論について，晴山一穂「公契約のあり方を考える」FORUM OPINION 9号（2010）（http://www.gendainoriron.com/op9haruyama.html）に拠った。

[322] なお，ILO条約第94号を批准していない米国がより強力なDavis-Bacon法を有していることが公契約法（条例）積極論の材料として取り上げられることがあるが，ここでは，(1)米国内でも相当の批判があること，(2)1931年制定という時代背景の特殊性も考慮する必要があること（似たような話として，1936年制定のロビンソン・パットマン法（The Robinson-Patman Act, 15 U.S.C. 13 et seq.）の存在を指摘することができる），の二点を指摘しておく。

第一は，憲法違反の主張である。憲法27条2項は「賃金，就業時間，休息その他の勤務条件に関する基準は，法律でこれを定める」と規定し，労働条件に関する基準は法律によって定めるとしている。公契約条例は，法律である最低賃金法[323]に基づく賃金額を上回る賃金の支払いを民間事業者に契約上義務付けるものであり，憲法における同条文の規定に反する，とする。

　第二が，最低賃金法への違反の主張である。憲法上，条例は「法律の範囲内で」（憲法94条）定められ，地方自治法上も「法令に違反しない限りにおいて」条例が定められ得ることを規定している（地方自治法14条1項）が，公契約条例は最低賃金法へのいわゆる上乗せ条例になるところ，法律との抵触関係が生じるとする。第一の点と併せて考えるとそもそも労働条件については条例マターではないという主張も導かれる。

　第三が，財政支出の経済性原則への違反の主張である。地方自治法2条14項は「地方公共団体は，最小の経費で最大の効果を挙げるようにしなければならない」と定めており，事業者に最低賃金を上回る賃金の支払いを義務づける公契約条例はこの原則に抵触する，とする。

　これらの主張に対して，(1)公契約条例は，あくまでも発注者が契約の当事者として，その契約の相手方たる事業者のみに課す契約上の義務であり，契約の自由の範囲内のやりとりに過ぎず，法的なサンクションを伴った強制では決してない以上，地方公共団体による労働条件への規制・介入の排除という憲法上の要請に反していない（公契約条例は，労働法上の規律とはその趣旨，目的が異なり憲法上の要請に抵触しない）という反論が（第一，第二に対して），(2)地方自治法2条14項の規定は一種の訓示規定に過ぎないとの認識から反論が（第三の批判に対して）なされている。

　(1)については，公共工事への依存度が高い業者からすればそのような選択の自由はなく，実質的に強制になるのではないかという疑問が生じる。強制の有無を形式だけで判断することは果たして妥当だろうか，といった

---

[323] 昭和34年法律137号。

反論³²⁴があり得る³²⁵。

(2)については次の点だけ指摘しておこう。地方自治法 2 条 14 項は同法 242 条の 2 第 1 項 1 号に基づく差止請求の根拠たる違法な公金支出におけるその違法性を根拠付けるものとして理解されているし，実務上用いられてもいる³²⁶。なお，付帯的政策がここでいう経済性の原則の射程とどのようにかかわるか自体が問われるべき課題であるという点については，既に述べた³²⁷。

第 4 款　視点の再確認

最近，多くの地方公共団体で公契約に関する条例なり大綱なりが制定，策定されている。例えば，山形県では 2008 年に「公共調達基本条例」³²⁸が制定されている。京都府では 2012 年に「公契約大綱」³²⁹が策定されている。これらの条例，大綱は名称は野田市のそれに似ているが，その中身は地方自治法等の会計法令の趣旨や公共工事品確法の趣旨を，除雪等地域の特殊性や産業政策等の要請も加味しつつ，当該地方公共団体がどう受け止め，どのように実現していくかの基本方針を定めたものであり，最低賃金を超える労働賃金の支払い義務付けにコミットするものにはなっていな

324　とはいえ，だからといって即，憲法上の問題になるかといえば疑問がない訳ではない。なお，山田卓生は，「…政府からの契約は，きわめて重要な意味をもっており，多少とも継続的な場合には，一種の財産権的なものとも見ることができる。」（山田・前掲注(278)14 頁（citing Charles A. Reich, *The New Property*, 73 YALE L. J. 733 (1964)））と述べている。
325　公契約とはいえ，あくまでもそれは私法上の規律を受けるに過ぎない私契約であることを強調することで，契約上の義務付けの正当化を図ろうとする見方もあろうが，本著注(225)で見たように，同じような見方がされることがある指名停止の処分性に含みを持たせる判決や指名回避を国家賠償法上の「公権力の行使」と認めた判決もあることを考えれば，公契約と私契約の重なり合いを指摘するだけでは十分な説得力がない。より詰めた検討が必要となる。
326　その一例は，泡瀬干潟住民訴訟判決（那覇地判平成 20 年 11 月 19 日（平成 17（行ウ）7 等），福岡高那覇支判平成 21 年 10 月 15 日（平成 20（行コ）5））である。解説として，楠茂樹「沖縄振興政策と公共事業の合理性：泡瀬干潟住民訴訟を素材に」上智法学 55 巻 1 号 113 頁以下（2011）参照。
327　藤谷・前掲注(213)68 頁も参照。
328　山形県条例第 43 号。
329　京都府ウェブサイト（http://www.pref.kyoto.jp/zaisan/1332829862915.html）参照。

い。労務環境は公契約における重要な考慮要素であるが，あくまでも希少な財源の有効利用の一環としての公契約の適正化の中に位置付けられるものであり，それだけが独立した政策指針にはなっていない。

　このような違いは，そもそも公契約に関する指針を作ることの出発点が違うことに起因する。即ち，野田市の場合はILO条約の目指す「官製貧困の防止」が念頭にあり，山形県や京都府などは地方自治法等の要請と許容の下でのできる限りの地域配慮のコミットメントを目指しているのである。

第3部

公共調達と独占禁止法

はじめに

　公共調達分野における競争政策の法的構造を支えるひとつの柱は，いうまでもなく会計法令であり，これは発注者に対して契約過程における競争の確保と適正化を要請するものである。もうひとつの柱は独占禁止法である。

　独占禁止法上は競争を制限する，あるいは公正さを欠く事業者，事業者団体の行為を禁止するものである[330]。公共調達分野では，会計法令によって要請され，確保されている適正な競争を会計法令の外から守るのが独占禁止法ということになる。言い換えれば，会計法令が非競争的な契約者選定手法を要請するのであれば，そこには独占禁止法の入り込む余地はないということになる[331]。つまり，会計法令の要請に応じて発注者が官製市場において競争制限的な対応（入札方式の選択，あるいは不選択等）をした場合には，独占禁止法の射程もその範囲に限定されるということになる[332]。

　歴史的には入札談合が横行しながらも半ば放置（独占禁止法上の摘発がなかった）されてきたという事実は否定できず，会計法令が要請する競争の範囲においてその競争を保護するという独占禁止法上の要請は満たされてこなかったように見える。しかし，何度も触れた大津判決[333]を前提にするならば，競争入札という制度を採用することそれ自体に非合理性があ

330　企業結合規制（独占禁止法第4章）では違反主体が「会社」等となっているが，本著では企業結合規制は扱わない。
331　独占禁止法の適用の余地あるのは競争入札だけと考えるのは早計である。随意契約であっても競争的なそれはあり得（企画競争だけではなく，見積り合わせによる随意契約であってもその限りで競争的である），そこでの競争減殺は概念できる。また，特命随意契約を行うように発注者に働きかければ，共同行為であれば不当な取引制限規制違反，私的独占規制違反に，単独行為であれば私的独占規制違反に問い得るものになる場合がある。
332　ただ，発注者の契約手法の選択，あるいは設計，仕様等を歪める事業者の活動は，独占禁止法違反に問うことができる。後述するパラマウントベッド事件（前掲注(26)）はその一例である。
　　発注者が単独にあるいは受注（希望）者側と申し合わせて，本来あるべき競争的な契約方式を採用せず，非競争的なそれを採用した場合，独占禁止法上何らかの違反が成立するだろうか。その第一関門は，発注者の独占禁止法上の違反主体性の有無である。この点については後述（第3部第1章第2節）する。
333　本著第1部第1章参照。

り，その非合理性を矯正するためになされる入札談合はむしろ会計法令の趣旨に合致しているというロジックで，独占禁止法と公共調達の関係を論じることとなる。実質的競争制限[334]が存在しない，あるいは公共の利益[335]に資する，という構成をとる[336]ことで，そもそも独占禁止法違反にはならないという理解が可能ともいえそうである[337]。あるいは，形式上は独占禁止法違反なのだけれども，取るに足らない軽微な違反であるので公正取引委員会が問題にしてこなかったという見方も可能ではある[338]。

334 不当な取引制限規制の中核的な違反要件である実質的競争制限の解釈については，「競争を実質的に制限するとは，競争自体が減少して，特定の事業者または事業者集団が，その意思で，ある程度自由に，価格，品質，数量，その他各般の条件を左右することによって，市場を支配することができる形態が現れているか，または少なくとも現れようとする程度に至っている状態」とした東宝・スバル事件高裁判決（東京高判昭和 26 年 9 月 19 日高民集 4 巻 14 号 497 頁）が先例となっている。
「公共の利益」概念に独自の存在意義を認めようとしない学説の多くは，競争制限行為の正当化を実質的競争制限概念の中に見出そうとする。根岸哲編『注釈独占禁止法』(2009) 91 頁以下（稗貫俊文執筆）参照。
335 「公共の利益」については，石油カルテル（価格調整）事件最高裁判決（最判昭和 59 年 2 月 24 日刑集 38 巻 4 号 1287 頁）が先例となっている。
336 2 条 6 項は「この法律において『不当な取引制限』とは，事業者が，契約，協定その他何らの名義をもつてするかを問わず，他の事業者と共同して対価を決定し，維持し，若しくは引き上げ，又は数量，技術，製品，設備若しくは取引の相手方を制限する等相互にその事業活動を拘束し，又は遂行することにより，公共の利益に反して，一定の取引分野における競争を実質的に制限することをいう。」と定めている。
337 郵便区分機事件高裁判決（差戻審）では，競争制限行為と公共の利益との関係について次のように述べられている（東京高判平成 20 年 12 月 19 日審決集 55 巻 974 頁）。

原告らは，「本件は，独占的買主（発注者）である郵政省が，その郵便処理機械化による効率性の向上，経費の削減等を目的とする郵便事業の大改革及びこれによる消費者利益の確保という国家的プロジェクトを確実に実現するために，郵便処理機械化のための区分機類の製造販売業者（売主・受注者）側の立場にある原告ら 2 社のそれぞれに協力を求めた事案であって，これまで独禁法上問題とされることのなかった特殊な類型の事案であるから，このような見地からしても，本件の実態は，直ちに違法と評価すべきものではなく，独禁法 1 条の究極の目的に実質的に反しないかどうかを考慮して判断すべきものである。」旨を主張する。
しかし，原告らの指摘する最高裁昭和 59 年 2 月 24 日第二小法廷判決の基準に従い本件違反行為が独禁法 2 条 6 項にいう「公共の利益に反して」との要件を満たすか否かを判断するとしても，本件審決案が認定した別紙に記載の事実によれば，原告ら 2 社は郵政省の区分機類の発注のおおむね半分ずつを安定的，継続的かつ確実に受注する目的を持って本件違反行為を行っていたものと認められるから，原告ら 2 社の本件違反行為が「公共の利益に反して」いることは明らかであり，原告らの上記主張は採用することができない。

1990年代の公共調達分野における競争促進の動きは，会計法令と独占禁止法との距離を縮める効果をもたらした。実務上黙示的に了解されていた「必要悪」としての入札談合は，ゼネコン汚職以降「絶対悪」の声に染まり，「入札談合の徹底排除」が叫ばれた[339]。談合防止のための一連の改革（公共調達改革，独占禁止法改正）と公正取引委員会による入札談合の積極摘発の結果，談合的な構造は多くの分野で崩壊したといわれている[340]。このことを示す最も顕著な結果が，いわゆる落札率の低下であった。予定価格付近に張り付いていた落札価格は一連の改革を通じて一気に低下し，多くの分野では落札率は70％〜80％台で推移するようになった[341]。このような落札率の低下は，行政の長が直接選挙で選ばれる地方自治体においてアピールされる傾向があり，一部の首長は「改革派」と呼ばれようと落札率低下に躍起になった。「落札率75％」は，他の条件が無視されたまま独り歩きし，「税金25％の有効利用」と同視されるようにまでなった[342]。このことは，首長の支持率を押し上げる効果を有するものであったため，このような単純化はこれら首長にとってむしろ歓迎されてきた。

　ここ20年の間に公共調達分野における競争の余地は拡大し，実際上競

　　　前記大津判決のロジックからすれば，安定受注，継続受注は公共調達の目的を実現するための手段として位置付けられるものであり，そのような発想を前提とするならば，問われるべきは，目的と手段の相当性ということになるはずである。しかし，競争入札が採用される以上，反競争的な手段によって公共調達の目的が実現されると考えることはできないという「法令と実態の一致」を前提にした発想が，上記郵便区分機判決では採用されていることが分かる。
338　今ではそのような発想はおよそ支持されない。
339　このようなやりとりは諸外国，特に米国からは奇異に映ったことだろう。入札談合が徹底的に排除される必要があるのが当たり前で，独占禁止法が制定されてから半世紀以上たった段階でこのような声が高まることについて理解に苦しんだか，あるいはそれまでの後進的な状況に驚いたことだろう。
340　有識者によって構成された東京都の入札契約制度改革研究会は，2009年公表の報告書の冒頭で「公共調達入札・契約制度をめぐる環境は，ここ数年で大きく変化した。一般競争入札の徹底に代表される談合防止策，2005年の独占禁止法改正による制裁強化，その直後になされた建設業界のいわゆる『過去のしきたりとの決別』宣言等によって談合構造が解消され，我が国に長い間定着してきた官民間，民民間の協調的関係が崩れたことで，一部では価格競争の激化でダンピングが，一部では入札不調が問題になるなど，公共工事の発注をめぐる問題が多発している。」と述べている（「同研究会報告書（2009年10月）」）（本著注（174））。
341　ここ数年，公共工事請負契約においては最低制限価格の水準を引き上げる地方自治体が増えてきたので70％台の落札率はあまり見られなくなった。現在，最低制限価格は予定価格の85％前後で組まれることが多い。

争は激化した。競争の余地が広がることにより競争制限の可能性も高まった。かつての受発注者間の予定調和的な世界では発生しなかった取引関係上の軋轢が，競争激化による不確実な世界においては発生するようになった。独占禁止法との関係では優越的地位の濫用規制違反の問題であり，下請代金支払遅延等防止法（下請法）[343]違反，建設業法違反にも関連する問題である。不当廉売規制違反が疑われるダンピング行為も予定調和的な世界ではあり得なかったものである[344]。

以下では，事業者による独占禁止法違反を考察の対象とし，事業者団体による「一定の取引分野における競争を実質的に制限する」（独占禁止法8条1号）行為としての入札談合（への関与）については省略する。むしろ事業者団体規制において論点になりやすいものは，構成事業者の機能又は活動の不当な制限（8条4号）の方かもしれない。公正取引委員会の指針である公共入札ガイドライン[345]では「事業者団体が，構成事業者に対して，事業者の組合せに関する指示や決定を行うことは，受注予定者の決定に伴うものとして問題となる場合があるとともに，構成事業者の機能又は活動を不当に制限するものとしてそれ自体独立で違反となる場合がある（法第8条第4号）。」[346]と述べられている[347]。

---

[342] こういった発想での議論は，学術的にも広く浸透しているようだ。See, e.g., John McMillan, *Dango: Japan's Price-Fixing Conspiracies*, 3 ECON. POLITICS 201 (1991). もちろん，与えられた情報のみで議論が完結する，という前提ではある。経済学者の松井彰彦によれば，入札談合による公共調達における損失は年間，2兆円〜5兆円に上るという（松井彰彦『不自由な経済』日本経済新聞社（2011）50頁）。
[343] 昭和31年法律第120号。
[344] 以上の内容につき，楠・前掲注（36）参照。
[345] 本著注（101）参照。
[346] 第二・1－3。
[347] 事業者団体による諸行為が事業者間の反競争的行為を誘発することはあり得，これまで入札談合への事業者団体の関与が何度となく摘発されてきた。本文の記述は，事業者団体の実質的競争制限行為を禁止する8条1号の存在を軽視することを意味しない。公共入札ガイドラインに多くの実例が紹介されているので参照のこと。

第1章 総　論

第1節　競争の価値

第1款　会計法令と独占禁止法

　会計法令を根拠に非競争的な契約者選定手法が選択された場合には，競争の余地がない以上，そこに競争制限を概念することができない[348]。しかし，会計法令上，非競争性的な手法は例外的な場合のみに認められているものであり，公共調達の目標の効果的実現に向けてできる限り競争性を確保することが要請されている。この意味において会計法令は，競争の維持・促進を目標とする独占禁止法と共通の基礎を有している[349]。

　しかし，競争の価値をめぐり会計法令と独占禁止法との間に存在する相違を指摘することができる[350]。以下，考えられる競争の価値を列挙してみよう[351]。

　会計法令については，第2部第1章第1節で触れた。もう一度列挙しよう。

　A．公共調達の目標実現のための手段的価値
　B．中立性

---

[348] 但し，本著注（332）の指摘参照。
[349] このような対比は我が国では議論されることがない。独占禁止法の側からは，この分野に属する論者が会計法令それ自体に関心がない，あるいは公共調達分野における独占禁止法違反として実務において圧倒的多数を占める入札談合にしか興味がないからであると考えられる。行政法分野からはおそらく，競争政策の視点から会計法令を眺めることがないのであろう。それだけ競争政策は独占禁止法の専売特許と思われているのであろうか。しかし，そうでないと考えるところが本著の出発点である。競争政策が独占禁止法だけのものではないという点については，白石忠志『独禁法講義［第6版］』(2011) 5～6頁参照。
[350] 以下，同様の問題意識からの対比を試みるものとして，GRAELLS, *supra* note 8, at 76 et seq. 参照。著者は，両者の近似性を強調する。
[351] その他，会計法令や独占禁止法を離れて考えるならば，競争は自己規律の手段として倫理的なものであるといった見方もある（塩野谷祐一『経済と倫理：福祉国家の哲学』(2002) 171頁参照）。

C. 透明性

独占禁止法については，諸々の見解があろうが，概ね次のようにまとめられるだろう[352]。

A. 経済的効率性実現のための手段的価値
B. 政治的目標，すなわち平等性
C. 主体的判断可能性の存在

以下，独占禁止法について簡単な解説を加えよう。

A. 競争によって良質廉価な財やサービスが市場に提供され，結果，経済的効率性が生み出されることになる[353]。そこでは競争それ自体が価値なのではなく，手段的な価値を競争が有している。独占禁止法1条にも，同法の究極的な目的として「一般消費者の利益（の確保）」が謳われている[354]。競争が消費者利益に資するという発想はその手段としての価値を独占禁止法自体が認めていることを示している[355]。

B. 競争が存在することを市場支配力の不存在と読み替え，そのような状況が経済主体間の平等な地位の確保を実現していることに着目し，競争の価値をそこに見出そうとする考え方があり得る。競争を平等性と互換的に用いる用法である。経済法学，社会法学分野では比較的ポピュラーなものの見方である[356]。

352　独占禁止法については，楠・前掲注（161）（「(一)」）第1章第1節参照。
353　競争の生み出す「効率性」については，同前及びそこに掲げられた文献参照。反トラスト法の議論においては「効率性が可能な限り高まっている」という状態それ自体を「競争」と読み替える立場すら存在する（see ROBERT H. BORK, THE ANTITRUST PARADOX : A POLICY AT WAR WITH ITSELF 51, 61 (1993))。
354　「国民経済の民主的で健全な発展」も同時に究極目的として定められている。この「民主的で」という部分は，終戦後のGHQによる経済「民主化」政策を受けてのものと思われる。そうであるならば「力の分散」の要請が働いているということになる。力の分散が効率性に与える影響については諸々あろう。独占禁止法の議論を複雑にさせているひとつの要因である。
355　もちろん，「効率性」「消費者利益」の意味次第で両者が相反するような理解は可能である。
356　楠・前掲注（161）（「(一)」）72頁。

C．競争的手段を用いることそれ自体に価値があると理解する議論がある。この考え方は，競争という概念に個々人の主体性を見出す，言い換えれば，競争過程に伴う選択の自由を規範評価の対象としようというものである。簡単にいえば，競争と自由を互換的に理解する見方である[357]。

第2款　比較

公共調達において求められる中立性と透明性は，独占禁止法においては無関心のことがらである。競争の中立性が求められるのは，それは公共調達の受益者である国民，住民が発注者の恣意性を排除することを求めているからであり，民間市場の参加者間においてはそういった要請がされることはない[358]。同様に，公的財源の支出のされ方に対する説明責任の一環として要請される競争の透明性は，民間市場には関連性のない要請事項である。

一方，独占禁止法において求められる平等性と主体的判断の確保は，公共調達においてそれ自体追求されるべき価値ではない。発注者が構造的に独占的地位にあるが故にそもそも取引当事者間の関係において競争と平等を同視すること自体ができず，受注希望業者間においても平等を体現する概念としての競争は，公共調達の目標自体が中小企業の保護のような付帯的政策に向けられている場合にのみ手段的価値的な色彩を帯びるに過ぎない。そもそもそのような矯正的な要請を，会計法令上の要請と互換的に読むのには無理がある。

---

[357] 後藤晃＝鈴村興太郎編著『日本の競争政策』(1999) 9頁（後藤晃＝鈴村興太郎執筆）では次の通り述べられている。

　…公正で自由な競争の促進を目的とする競争政策は，公正で自由な競争の場を的確に整備・維持することによって，自律的な経済単位が個性的な目標を自己責任の原則に則って自由に追求する機会を公平・透明に提供する政策なのであって，なんらかの目標関数の制約条件付き最大化というシナリオになじむ政策ではないというべきである。

[358] 公益事業については異論があるかもしれない。しかし，それは事業の公益性故の要請である。

公共調達分野における競争者，すなわち受注希望者が主体的な判断を行い得るかどうかは，会計法令上は無関心である。公契約であっても契約は契約であり民法上の規律を受けるものであって，契約の自由を侵害するような主体性の侵害があってはならないのはいうまでもないが，それは民法的要請であるに過ぎない。そして，民法的規律の修正の役割を果たす独占禁止法[359]が実現しようとする主体性の確保は独占禁止法の問題なのであって，会計法令の射程には入らない。

共通するのは効率性の実現である。適切に設定された一定のルールの下で，競争が経済社会にとって望ましい帰結を生み出す，ということについて大方のコンセンサスが存在する。会計法令で契約者選定過程における競争的手段が原則化されているのも，また独占禁止法が反競争行為を禁止することも，この一般論を前提としている[360]。

つまり，競争は取引相手に有利な帰結をもたらすものであり，そうであるが故に競争は望ましいものであるといわれるのである。そして売り手側にも，買い手側にも競争が存在するということは，このような努力の積み重ねの結果として市場全体として可能な限りの効率化が図られることを意味し，そうであるが故にその手段的な価値が認められることになる。ただ官公需においては発注者という一方当事者の都合のみが法令の関心事となっている。

第3款　競争制限の正当化

会計法令は契約者選定過程における競争性の確保を要請し，競争的な手法を原則としつつも，必要に応じて非競争的な手法を選択することを発注者に許容している。発注者を規律する会計法令上に業者側による競争制限

---

[359] このような理解自体が議論の対象ではある。私法上の法的規律における競争制限法理の歴史的展開の比較法的な研究は，このような単純な独占禁止法像に疑問を投げかけるものとなっている。
[360] 独占禁止法上問題にされている「反競争性」なるものの意味については，独占禁止法上の目的規定あるいは，個々の違反要件の抽象性故にさまざまな視角から論じられ得るものとなっている。ごく簡単にいえば，経済法領域の存在根拠をどのように捉えるかで，独占禁止法が競争制限行為を禁止することの意味と意義は違ったものとして映し出されることになる。興味深い問題ではあるが，本著の射程外である。

を認める(あるいは認めない)規定は存在しない[361]。

　会計法令上,発注者が非競争的な手段を採用することが認められる理由は,それが公共調達の目標実現にとって必要性があるからである。例えば,任意の入札参加資格設定の根拠条文を見ると,「必要があるときは」[362],「契約の性質又は目的により」[363]と規定されていることからも解かる。

　一方,独占禁止法では,競争制限行為を正当化するロジックは,実質的競争制限が存在しない,公共の利益に反しない,あるいは公正競争阻害性が存在しない,といった違反要件が満たされない,という形でなされることになる[364]。公共の利益の理解に関し,石油カルテル(価格調整)事件最高裁判決は次の通り述べている[365]。

> 　独禁法の立法の趣旨・目的及びその改正の経過などに照らすと,同法2条6項にいう「公共の利益に反して」とは,原則としては同法の直接の保護法益である自由競争経済秩序に反することを指すが,現に行われた行為が形式的に右に該当する場合であつても,右法益と当該行為によつて守られる利益とを比較衡量して,一般消費者の利益を確保するとともに,国民経済の民主的で健全な発達を促進する」という同法の究極の目的(同法1条参照)に実質的に反しないと認められる例外的な場合を右規定にいう「不当な取引制限」行為から除外する趣旨と解すべきであり,これと同旨の原判断は,正当として是認することができる。

361　大津判決の描写するところに拠れば,業者側には許されていない契約締結過程の非競争化によって,発注者が選択した形式的な競争的手続の矯正を行っているという「捻じれ」が存在した。
362　予決令72条。
363　予決令73条等。両者の意味の違いについては,本著第2部第6章第3節第3款参照。
364　かつては適用除外も議論の対象とされた。例えば,舟田正之「公共工事に関する独禁法の適用除外の可否」全建ジャーナル21巻10号8頁以下(1982),松下満雄「公共工事における入札と独占禁止法の適用」建設総合研究31巻2号1頁以下(1982)参照。
365　最判昭和59年2月24日刑集38巻4号1287頁。

競争制限によって得られる価値と失われる価値との比較衡量を認め，その基準を独占禁止法の究極目的である「一般消費者の利益を確保するとともに，国民経済の民主的で健全な発達を促進すること」（1条）に見出そうという判例の考え方は，競争それ自体に内在する価値ではなく，効率性のような経済的帰結を実現する手段的価値の追求に，独占禁止法による競争保護の狙いがあることを物語っている。

第2節　発注者側の違反

一般的に，公共調達の分野において，会計法令は公共調達の買い手側である発注者を規律するものであり，独占禁止法は公共調達の売り手側である受注（希望）者を規律するものであると理解されている。前者については会計法であれば規律の対象が「各省各庁の長」等となっていることからも疑い得ないが，後者については形式だけからは当然視できない。何故ならば，独占禁止法違反の主体は「事業者」であり，この文言の解釈なしに判断できないからである。

独占禁止法上，事業者は，「商業，工業，金融業その他の事業を行う者をいう」と定義されている（2条1項）。「事業者」の解釈については，と畜場を経営する東京都の料金設定が不当廉売規制違反（19条，旧一般指定6項）に問われた，芝浦と畜場事件最高裁判決[366]がこれを明らかにしている。それによれば，事業者とは「なんらかの経済的利益の供給に対応して反対給付を反復継続して受ける経済活動を行う者」であればよく，その主体の法的性格は問わないとされた。このような活動をと畜場経営主体として行っている東京都も事業者足り得ると判断されたのである[367]。それだけ見れば，国や地方自治体といった発注者は事業者足り得るということになりそうであるが，そうではない。発注者は総じて「なんらかの経済

366　最判平成元年12月14日民集43巻12号2078頁。
367　その他，最判平成10年12月18日審決集45巻467頁（郵便葉書の発行・販売につき国の事業者性を肯定）も参照。

的利益の供給に対応して反対給付を反復継続して受ける経済活動を行う者」といえるのか，さらに詰めて検討しなければならない。公道やダムの建設，あるいはオフィス用家具の購入など，調達活動の先にある発注者の活動が事業者性を満たしていない場合（リンクしていない，あるいは希薄な場合）に，調達活動だけを切り離して事業活動と認定することが可能であるか，上記最高裁判決は何も伝えていない。

　この点についての司法判断はいまだ存在しないが，公正取引委員会は「独占禁止法は，経済運営の秩序を維持するための企業活動の基本的ルールを定めた法律であり，その対象は事業者又は事業者団体」であって，「独占禁止法上，発注機関は，例えば入札談合があったために通常より高い価格で契約せざるを得なかったなど，入札談合という独占禁止法違反行為の被害者として位置付けられる」もので，「入札談合事件に対する措置が行政処分（排除措置命令，課徴金納付命令）の場合…独占禁止法上，事業者ではない発注機関に対し措置を講じることはでき（ない）」との考えを示していた[368]。

　これらの考え方を総合すると，行為主体の営利性の有無は問わないが，財やサービスの対価を伴う提供という行為がある場合に当該行為に向けた一連の活動が事業活動だということになる[369]。とするならば，公共調達

---

[368] 公正取引委員会事務総局・前掲注（303）6頁。なお，最新版である「入札談合の防止に向けて～独占禁止法と入札談合等関与行為防止法～」（2011年10月）(http://www.jftc.go.jp/kansei/honbun.pdf) では，これに該当する記述はなくなっている。

[369] EU競争法（Art.101 and 102 of the Treaty on the Functioning of the European Union, OJ (2008) C115/47）では違反主体を「undertakings」としており，我が国同様に営利性の伴わない主体が違反主体なり得るかが問題となった。判例法上，調達活動が全体としての事業活動の一部を形成していないものについては発注者の事業者性が否定され，結果，公共調達の大半において発注者は競争法違反の主体とはなり得ないことになる（See Ciara Kennedy-Loest, Christopher Thomas and Martin Farley, *EU Public Procurement and Competition Law: The Yin and Yang of the Legal World?*, 7‐2 COMPETITION L. INTL. 77, 78 (2011)）。競争法違反となる事業者の射程は，我が国とほぼ同様のものであるといえる。
　米国連邦反トラスト法，具体的には，シャーマン法1条，2条等を見ると反トラスト法上の違反主体は「person, persons」となっており，それだけでは連邦政府は違反主体に含まれることになりそうである。
　しかし米国法において判例法上，連邦政府は反トラスト法の違反主体として認

活動の一部も事業活動として捉えられ，その限りで発注者が事業者性を帯びることもあることになる。

　公共調達分野においては会計法令も独占禁止法も，競争を確保し，あるいは適正化する役割を果たしている。今見たように，独占禁止法が発注者に適用されることは例外的であり，発注者を規律するのは基本的には会計法令のみがその役割を果たすものとなっている。独占禁止法が発注者を規律しないという点では，（例外があるかについては差があるとはいえ）日米欧共通している。

　発注者は官製市場を競争的なものにする，あるいは競争を適正化する義務を会計法令によって負っている。一方，発注者と契約する（しようとする）業者は発注者が定めた競争ルールに従うとともに，反競争的行為をすることを独占禁止法によって禁止されている[370]。

　このようにクリアカットに分けてしまうと，本著第5章第4節で触れるようにとりわけ優越的地位濫用規制において不都合が生じることになる。またいわゆる官製談合事案についても，発注者は独占禁止法上の規律の対象にならないのは望ましくないという批判が起きそうである。つまり独占禁止法違反となる応札者間での競争制限の取り組みに関与しておきながら，発注者が何ら独占禁止法上の制裁や措置の対象とならないのは，違反抑止等の観点から不当ではないか，という批判である。このような批判に対応して制定されたのが，いわゆる官製談合防止法である[371]が，発注者側職員の独立した行動と割り切れると考えることについては疑問なしとしない[372]。

　　められてこなかった。判例法は，そもそも事業者性の有無で判断するのではなく，連邦政府であるという理由において，連邦政府を反トラスト法の違反主体の射程外に置いてきたのである。公共調達分野において，発注者としての連邦政府が反トラスト法上の違反行為者となる可能性は，判例法上その余地は認められないものになっている。以上，PHILLIP AREEDA & HERBERT HOVENKAMP, ANTITRUST LAW : AN ANALYSIS OF ANTITRUST PRINCIPLES AND THEIR APPLICATION, VOL. 1 A (2D ED.), ¶ 252 (2000) 等を参照。

370　反競争的行為の典型が入札談合であることはいうまでもない。
371　同法については後述（第3部第6章第3節）する。
372　官製談合事案における発注者側への独占禁止法の適用のあり方については，従来ほとんど検討されてこなかった。例外として，舟田正之「『官製談合』と独占禁止法」立教法学56号99頁以下（2000）参照。

第3節　公共入札ガイドライン

公正取引委員会は 1994 年に前記公共入札ガイドライン[373]を公表し，以後二度の改正を経て現在の形になっている[374]。

違反の成否についての内容として同指針は，「受注者の選定に関する行為」「入札価格に関する行為」「受注数量等に関する行為」「情報の収集・提供，経営指導等」について定めている。入札談合及び入札談合類似の効果をもたらす事業者，事業者団体の行為が主になっており，その他の違反類型（私的独占規制や不当廉売規制）についての言及はない。

直接の取引条件（落札者及びその順番，落札価格，協力業者の価格等）を決定することのみならず，そういった競争制限効果が生じる前提となる情報交換活動を広く違反の射程に取り込んでいることが特徴である[375]。違反になるか否かの分かれ目は，いうまでもなく競争制限効果を生じさせる（あるいはそのような効果を誘発する）かどうかにある[376]。

373　解説として，小川秀樹編著『入札ガイドラインの解説―公共的な入札に係る事業者及び事業者団体の活動に関する独占禁止法上の指針』(1994)，上野敏郎編『入札ガイドラインのポイント：公共的な入札に係る事業者及び事業者団体の活動に関する独占禁止法上の指針』(2000) がある。
374　最終改正は 2010 年 1 月 1 日である（執筆段階）。
375　もちろん，違反のおそれの少ないケースについても言及がある。例えば，官公庁等が一般的に公表している積算データ等の情報共有等である。
376　例えば，事業者間の情報の共有（事業者団体による情報の提供）について，ガイドラインは次のようなケースは「原則として違反とならない」としている（第二・4）。もちろん，「原則として」なので追加的条件次第で評価が変わり得るものであるが，いずれもそれ自体だけでは事業者に反競争的行為をとるように促すシグナルにはならないものばかりである。

　事業者団体が，官公庁や民間の調査機関等が公表した入札に関する一般的な情報（発注者の入札に係る過去の実績又は今後の予定に関する情報，入札参加者の資格要件又は指名基準に関する情報，労務賃金，資材，原材料等に係る物価動向に関する客観的な調査結果情報等）を収集・提供すること。

　事業者団体が，関連する官公需の全般的な動向の把握のために，構成事業者から官公需の受注実績に関して個別の受注に係る情報を含まない概括的な情報を任意に徴し，又は発注者が発注実績若しくは今後の発注予定に関して公表した情報を収集し，関連する官公需全般に係る受注実績又は今後の需要見通しについて個々の事業者に係る実績又は見通しを示すことなく概括的に取りまとめて公表すること。

第 4 節　各違反類型について

　本著では，公共調達分野に関連性の強い独占禁止法違反行為として，不当な取引制限規制違反である入札談合，私的独占規制違反，不当廉売規制（不公正な取引方法規制）違反である他者排除行為（欺罔型，廉売型）の他に，優越的地位濫用規制（不公正な取引方法規制）違反をとり上げるが，このうち，最後の類型のみは他の類型と性格を異にすると理解するのが一般なので，事前に一言触れておくこととする。

　本章前節までで，独占禁止法が競争の維持，促進それ自体を目指しているという前提をおいて会計法令との比較を行ったが，少なくとも不公正な取引方法規制については，そこから「はみ出す部分」が存在することを指摘しなければならない[377]。

　不公正な取引方法規制の共通の効果要件である「公正な競争を阻害するおそれ」，すなわち公正競争阻害性の理解には三つのタイプのものがあるといわれている[378]。一つが不当な取引制限規制や私的独占規制の効果要

　　事業者団体が，構成事業者から，財務指標，従業員数等経営状況に関する情報で通常秘密とされていない事項について，情報を任意に徴し，これに基づいて平均的な経営指標を作成し，提供すること。なお，構成事業者がこれらの情報を公表している場合，あるいは公表について構成事業者の事前の了解を得ている場合は，構成事業者別にこれらの情報を取りまとめて公表することもできる。

　　事業者が，入札に参加するための共同企業体の結成に際して，相手方となる可能性のある事業者との間で，個別に，相手方の選定のために必要な情報を徴し，又は共同企業体の結成に係る具体的な条件に関して，意見を交換し，これを設定すること（受注予定者の決定につながるようなことを含まないものに限る。）。

　　事業者が，指名競争入札において，指名以前の段階で，制度上定められた発注者からの要請に応じて，他の事業者や事業者団体と連絡・調整等を行うことなく，自らの入札参加への意欲，技術情報（類似業務の実績，技術者の内容，当該発注業務の遂行計画等）等を発注者に対して説明すること。

　　事業者が共同して又は事業者団体が，発注者が公表した積算基準について調査すること（事業者間に積算金額についての共通の目安を与えるようなことのないものに限る。）。

377　さしあたり，根岸・前掲注（334）342頁以下（根岸哲執筆）。

件である「競争を実質的に制限すること」，すなわち実質的競争制限と同じように競争減殺を問題にするタイプである。これが不公正な取引方法規制における効果要件のメインとなる。

　第二が，自由競争基盤の侵害といわれるタイプであり，そこでは取引主体の自由かつ自主的な判断により取引を行うことを妨げるという反競争性が問題とされている。

　第三が，手段の不公正を問題にするタイプである。簡単に言えば「その他もろもろ」であり，人々の公正感情に依拠させるオープン・エンドな理解である。論者によっては，相対的な概念である自由にそれ自体不確定な公正概念を結び付けることを嫌ってか，第二の類型をスキップして第一，第三のみで公正競争阻害性を理解することもある[379]。

　一般に，優越的地位濫用規制は第二の類型で説明されることが多い。つまり，優越的な地位に立つ事業者が断りきれない立場にある取引相手に対して無理強いをし，不利益を被らせることに悪性を見出すという類型が，優越的地位濫用規制なのであるという理解である。ここで問題にされるのは，競争それ自体ではなく，競争の前提としての主体性である[380]。取引関係上の優劣があるのは当然のことがらであると考えるならば，対等の取引関係（level-playing-field）の実現を目指すこのような規制は逆差別的な性格を有するものであると理解される傾向があるようだ。

　競争性の確保には関心がある会計法令は，この主体性の確保に関心があ

378　独占禁止法研究会「不公正な取引方法に関する基本的な考え方（同研究会報告）」（1982）。
379　この理解をめぐる対立は本著では関心外である。会計法令との比較に関心があるここでは，優れているかどうかは別にして一般的な理解に従っておく。
380　もちろん優越的地位に立っていること自体を競争が喪失された状態と概念し，市場支配的地位の濫用による搾取行為であると理解することは可能である。個別取引関係における搾取を概念するか，市場におけるそれを概念するかの違いであるが，悪性が「搾取的なるもの」に見出されている点では変わらない。白石忠志「優越的地位濫用規制をめぐるICN京都総会特別プログラム」公正取引693号6頁以下（2008）（日本の優越的地位濫用規制がEU競争法の搾取的濫用規制と連続性をもつと指摘）。

るだろうか。結論からいえば否である。会計法令のどこを読んでも，取引当事者の主体性を確保することを意識させる規定は見出せない。

　発注者自身の主体性の確保を問題にしないのは当然である。会計法令は発注者側を規律するものだからである。一方，受注者側の主体性の確保も会計法令の射程外である。競争入札であろうと随意契約であろうと，発注者にとって最も有利な契約者と契約条件を導くことのみが関心事なのであって，競争性を高めることはその目標と整合的であるが，取引相手の主体性の確保はそうではないからである[381]。

　とするならば，取引当事者の主体性の確保は独占禁止法によってのみ実現されるものということになるが，ここでひとつの問題が生じることになる。(滅多にないだろうが)発注者の主体性の確保については受注者側に対する優越的地位濫用規制の適用によって実現されることとなろうが，発注者側に対するそれが本章第2節で見た事業者要件の壁にぶつかることになる。しかし，そもそもの規制の趣旨が取引相手の主体性の確保，対等性の確保にあるのにも拘らず，侵害主体が発注者というだけで取引相手が保護の対象外とされるのであれば，会計法令上の手当てがない以上「空白地帯」となってしまう。受注者側においては事業者として競い合っているのにも拘らずこのような事態が生じてしまうのは，独占禁止法上憂慮すべきことである。会計法令の要請を独占禁止法の要請よりも優位に置き，実質的に適用除外の扱いをするというのであれば，その優先関係を正面から議論する必要があろう。以上の点について，発注者側のあり得る違反行為として他の類型も併せて，第5章で再び触れることとする。

　以下，次章以降，各違反類型ごとの検討を進めることとする[382]。

381　会計法令は，発注者の目標追求にのみ関心があるという意味で一方通行の性格を持つものであり，仮に搾取行為が反競争的であると概念できたとしてもそれは会計法令が確保すべき競争性の射程外である。発注者の反競争性は発注者の利益になる以上，不問に付されることになる。

第2章　入札談合

公共調達分野における独占禁止法違反行為の典型は，過去においても現在においても，不当な取引制限規制違反である入札談合であることを疑う者はいないだろう[383]。

不当な取引制限の定義規定である2条6項は次の通り定めている。

> この法律において「不当な取引制限」とは，事業者が，契約，協定その他何らの名義をもつてするかを問わず，他の事業者と共同して対価を決定し，維持し，若しくは引き上げ，又は数量，技術，製品，設備若しくは取引の相手方を制限する等相互にその事業活動を拘束し，又は遂行することにより，公共の利益に反して，一定の取引分野における競争を実質的に制限することをいう。

---

[382] 発注者の違反主体性が否定される（米国と欧州で論拠と射程が異なるが）中，公共調達関連法令，規則において厳格な競争性確保のための手法を講じることが米欧ともに要請されているところである（欧州についてこの問題意識で書かれたものとして GRAELLS, supra note 8 がある。米国ではFARの中に反トラスト法違反防止のためのいくつかのプログラムが用意されている（谷原・前掲注 (21) 28頁以下参照））。また入札談合は当然のこととして，発注に際してなされる競争者間の共同行為（ジョイントベンチャー，コンソーシアムの形成）の反トラスト法上，競争法上の問題が指摘されるところである（米国については William E.Kovacic, *Illegal Agreements with Competitors*, 57 ANTITRUST L. J. 517 (1988) 参照。欧州については，Kennedy-Loest, Thomas and Farley, *supra* note 368 参照）。その他，発注者に対する業者の競争制限的な働きかけに対しても反トラスト法の適用例がある（*See* Peter B Work, *Antitrust Issues Relating to Arrangements and Practices of Government Contractors and Procuring Agencies in Markets for Specialized Government Products*, 57 ANTITRUST L. J. 543, 547-548 (1988))。公共調達と米国反トラスト法，欧州競争法との接点の全体像を示すものとして，次の文献を参照のこと。*See, e.g.*, Henry L Thaggert, *Antitrust and Procurement: The United States*, 7‐2 COMPETITION L. INTL. 82 (2011); Kennedy-Loest, Thomas and Farley, *supra* note 368.

[383] 栗田・前掲注 (149) では，本稿で触れることができなかった点も含めて，独占禁止法上の入札談合規制に関する諸問題について多くの示唆に富む考察がなされている。

第1節　事業者の射程

公共調達分野で独占禁止法上の「事業者」性が問題になる場面は二つある。

ひとつが「発注者の違反主体性」であり，具体的には官製談合における発注者の取り扱いの問題である。これについては既に触れた[384]。

もうひとつは，「競い合いの関係にない事業者間での違反の成否」の問題である[385]。後に見る相互拘束性の問題として扱う傾向もあるが，判例上は事業者性の問題として扱われてきた論点である。

この論点を扱う判例は，1993年のシール談合事件高裁判決である[386]。複数の応札者の他に応札者（ビーエフ社）の代わりに調整行為を行った事業者（日立情報社）が，応札者とともに不当な取引制限の違反主体となり得るかという問題ついて，東京高裁は次のように述べ，違反主体となり得ると判示した[387]。

　　独禁法2条1項は，「事業者」の定義として「商業，工業，金融業そ

---

[384] 本著第3部第1章第2節参照。
[385] 東京高判昭和28年3月9日審決集4巻145頁（新聞販路協定事件），東京高判平成5年12月14日判タ840号81頁（社会保険庁発注シール談合事件）。
[386] 東京高判平成5年12月14日判タ840号81頁。「ここに言う『事業者』は同質的競争関係にあることを必要とはしないのであるから，同社が指名業者でないことを理由として拘束されるべき事業活動がないとする点は失当であるのみならず，同社は，他の指名業者3社と合意した本件談合に拘束され，仕事業者としてその談合に従った事業活動をすべきことはもとより，落札・受注の関係においても，たとえばビーエフに働きかけて適正価格で落札させ，その一部または全部の発注を受けるなどの行動をとることも許されなくなったもので，本来自由であるべき同社の事業活動が制約されるに至ったのであるから，『相互にその事業活動を拘束』する共同行為をしたものというに支障はない。」と判示していることからも解る通り，実質的には「相互拘束を行う事業者間の関係」が問題にされているのである。
[387] 新聞販路協定事件で問題とされた条文は，3条のような相互拘束の要件がない旧4条であった。旧4条1項3号は「事業者は，共同して，……技術，製品，販路又は顧客を制限すること……をしてはならない」と規定し，同条2項において「前項の規定は，一定の取引分野における競争に対する当該共同行為の影響が問題とする程度に至らないものである場合には，これを適用しない。」と規定していた。この規定から解るとおり，違反事業者間の位置関係を問題にすることができる要件は「事業者」だけだったのである。

の他の事業を行う者をいう。」と規定するのみであるが，事業者の行う共同行為は「一定の取引分野における競争を実質的に制限する」内容のものであることが必要であるから，共同行為の主体となる者がそのような行為をなし得る立場にある者に限られることは理の当然であり，その限りでここにいう「事業者」は無限定ではないことになる。しかし，日立情報は…自社が指名業者に選定されなかったため，指名業者であるビーエフに代わって談合に参加し，指名業者3社もそれを認め共同して談合を繰り返していたもので，日立情報の同意なくしては本件入札の談合が成立しない関係にあったのであるから，日立情報もその限りでは他の指名業者3社と実質的には競争関係にあったのであり，立場の相違があったとしてもここにいう「事業者」というに差し支えがない。この「事業者」を同質的競争関係にある者に限るとか，取引段階を同じくする者であることが必要不可欠であるとする考えには賛成できない。

この判決の読み方にはさまざまあろう[388]が，上記の抜き出された判決の部分だけを眺めると，取引当事者間の合意，協定までは3条後段違反である不当な取引制限には含まれないかのような印象を受ける[389]。一方，公正取引委員会の「流通・取引慣行に関する独占禁止法上の指針」（1991年）[390]においては，取引当事者間の合意，協定等が3条後段違反となり得ることを明示的に述べている[391]。

388　川濵昇・独占禁止法判例・審決百選〈第5版〉（5事件），杉浦市郎・独占禁止法判例・審決百選〈第6版〉（17事件），山部俊文・経済法判例・審決百選〈第7版〉（20事件），根岸・前掲注（334）96頁以下（稗貫俊文執筆）等参照。
389　但し，その理由付けの部分を強調すると取引当事者間での共同行為が3条後段の射程に入るようにも読める。
390　公正取引委員会ウェブサイト（http://www.jftc.go.jp/dk/ryutsutorihiki.html）参照（これまでに数次の改定を経ている）。
391　同指針の第2．3(1)においては，「事業者が取引先事業者等と共同して…行為を行い，これによって取引を拒絶される事業者が市場に参入することが著しく困難となり，又は市場から排除されることとなることによって，市場における競争が実質的に制限される場合には，当該行為は不当な取引制限に該当し，独占禁止法第3条の規定に違反する。」とされている。

官製談合事案において発注者を不当な取引制限規制の違反主体とするためには，事業活動を行う主体としての事業者性のみならず，この論点におけるハードルもクリアしなければならない[392]。

第2節　意思の連絡

　複数事業者の同調的に見える応札行為であっても，各々の事情の下，偶然に似通った価格付けになるような場合もあれば，材料費の高騰のような共通の事情が応札価格の高止まりを生じさせるような場合もある。自社にとって有利な案件のみを選択して応札をするか否かを各社が決めた結果，一見すると各社の申し合わせで棲み分けをしたかのように映る場合もある。発注者の公開情報から他の応札者の将来の入札行動を予想し合い，その結果応札価格が高止まりするようなケースもあるかもしれない。業者間で過去の応札価格についての情報交換を行い，同様の結果が導かれるケースもあり得る。独占禁止法2条6項は競争制限行為が「共同して」なされることを要件としており，この共同性の要件がいかなる場合に満たされるかが問題となる。

　共同性の要件の解釈についての先例は，東芝ケミカル事件東京高裁判決[393]である。そこでは価格設定についての共同性，すなわち意思の連絡があったといえるためには「相互に他の事業者の対価の引上げ行為を認識して，暗黙のうちに認容することで足りると解するのが相当である」と判示されている。そのような心理状況に至ったといえるためには，「特定の事業者が，他の事業者との間で対価引上げ行為に関する情報交換をし」たという先行行為と「同一又はこれに準ずる行動に出たような」協調的に見える行為の外形があれば，「他の事業者の行動と無関係に，取引市場における対価の競争に耐え得るとの独自の判断によって行われたことを示す特

---

[392] 舟田・前掲注（372）106頁以下参照。学説においては，本著では扱っていない「共同して…遂行する」の要件を絡めてこの問題にアプローチするものもあるが，本著の主題から離れるのでこれ以上は言及しない。
[393] 東京高判平成7年9月25日審決集42巻393頁。

段の事情」がない限り共同性の要件が満たされる，としている。

この判決の公共調達分野における応用例が，郵便区分機談合事件高裁判決（差戻審）である[394]。この事件は，特定のタイプの機械の受注に際し，郵政省の調達事務担当官等が特定の業者に公告前に調達情報の提示を行い，それがシグナルとなり業者間で応札の棲み分けを行っていたという「官製談合」的色彩が否定できないという事案であったが，東京高裁は，以下のような事情から，業者間で少なくとも黙示的な意思の連絡があったと判示している[395]。

1） 製品開発に要する時間が長く参入障壁が高いこと。
2） 旧郵政省担当官により事前の情報提供がタイプ別に一方の業者のみになされていたこと。
3） 情報の提示を受けなかった者は入札を辞退するという行為が指名競争のときからなされてきたこと。
4） 各事業者は自らの区分機類が配備されていない郵政局管内においては，原則として営業活動を行っていなかったこと。
5） 旧郵政省内の勉強会において，当該業者から郵便区分機のような特殊機器が一般競争入札になじむのか非常に疑問があるとの発言がなされたこと。
6） 業者側幹部職員から，郵政省側に対して情報の提示を継続するよう要請したこと。
7） 落札率はすべての物件について99.9％を超えていたこと。
8） 新規業者参入後は，落札率が顕著に低下したこと。

入札談合の黙示の意思の連絡は，入札の仕組みや契約過程における発注

394　東京高判平成20年12月19日審決集55巻974頁。
395　一部省略している。以下の事情から，「『郵政省の調達事務担当官等から情報の提示のあった者のみが当該物件の入札に参加し，情報の提示のなかった者は当該物件の入札に参加しないことにより，郵政省の調達事務担当官等から情報の提示のあった者が受注できるようにする。』旨の少なくとも黙示的な意思の連絡があったことは優に認められる」と判示された。

者側の関与の影響の下でなされることが少なくない。業者側からすれば，競争に積極的でない理由は官側の事情（場合によっては官側の要請）に見出そうとするだろうが，官側の関与の度合がより強まった場合には果たして共同性が認められ難くなるのだろうか。判例の理解からすればそうはいえない。上記のような心理的事実は，先行行為の主体を問わない[396]。

第3節　約束，合意

独占禁止法2条6項は，違反要件として「相互にその事業活動を拘束」することを求めている。簡単にいえば，約束，合意のことである。以下，この要件について関連する論点を考察する[397]。

---

[396] 反競争的行為を禁止する独占禁止法の法的論理と，業者側の「納得感」とには距離があるところだろう。
　このような不満が規範的に見て尤もなものなのであれば，このような不満を解消する補正手段が講じられなければならないこととなろう。現行法を前提にするならば官製談合防止法における入札談合関与行為を認定する，あるいは入札妨害行為を認定することで当該個人の処罰に持ち込むことがひとつである。組織体に対する調査，報告義務を果たさせることによって効果的な抑止を図ることができるかもしれない。あるいは立法論が許されるならば，課されることになる課徴金算定手法をより柔軟なものにし，入札談合に至った経緯（その関与度）から適切な課徴金算定額を導くことを可能にする法制度設計を目指すという手もある。

[397] 不当な取引制限規制におけるひとつの論点として，拘束内容の共通性を必要とするか否か，という論点がある。「相互」という以上，当事者間でばらばらの内容の義務付けをすることは射程外とするべきだという形式的な議論だが，この論点は違反を行い得る事業者間の関係という先の論点とリンクして初めて意味を持つものである。違反事業者間に目隠しシール談合事件高裁判決が限定しなかった「同質的競争関係にある者」「取引段階を同じくする者」に限定して初めて，義務付け内容の共通性を論じることができるからでもある。なお公正取引委員会「流通・取引慣行に関する独占禁止法上の指針」本著注（390）では，「不当な取引制限は，事業者が他の事業者と共同して『相互にその事業活動を拘束』することを要件としている…。ここでいう事業活動の拘束は，その内容が行為者（例えば，製造業者と販売業者）すべてに同一である必要はなく，行為者のそれぞれの事業活動を制約するものであって，特定の事業者を排除する等共通の目的の達成に向けられたものであれば足りる。」と述べている（第2．3(1)（注3））。
　また，相互拘束という言葉の響きから，約束（合意）破りに対する制裁が必要ではないか，という論点を考えることができるが，ここでは省略する。

第1款　基本合意と個別調整

　入札談合の場合は，価格カルテルなどと異なり単発の競争が繰り返されることが特徴であり，この場合複数の約束や合意が繰り返されたと捉えるか，一連の約束，合意を一塊のものとして捉えるか，という論点が生じることになる。

　入札談合においては個別調整の前提として包括的な申し合わせを行うことが多く，この包括的な申し合わせは「基本合意」と呼ばれる。もちろん，基本合意はその受注調整のルールが明確なものもあれば，漠然としたものもある。極端な話，「これからよろしく」程度の申し合わせもあり得る。

　基本合意の内容が明確であればあるほど個別調整との連関は強くなる。実際にある発注者，期間，工事についての入札談合の基本合意が認定されれば，絞り込まれた範囲内での個別調整の存在が強く疑われることになる。

　基本合意の存在だけで関連しそうな入札において個別調整がなされたと考えるのは乱暴かもしれないが，そのような推定を働かせて違反を認定するのが独占禁止法の実務となっている[398]。基本合意の内容が十分に明確であるならば，その後になされる個別調整の有無とは無関係に違反を認定できる[399]が，課徴金賦課との関係でパッケージ型の違反認定を行うのが通常である[400]。基本合意のみで独占禁止法違反が問えるものの，パッケー

---

[398] 例外として，多摩談合事件（新井組ほか）東京高裁判決（東京高判平成22年3月19日審決集56巻第2分冊567頁）がある。この判決では，基本合意と個別調整を分断し，個別調整における各業者の「自由な意思決定の余地」の有無から各要件の充足性を説き，違反を認めなかった。しかし，その後最高裁は，公正取引委員会や他の裁判例と同様のパッケージ型の違反認定手法を採用しこの高裁判決を破棄（自判）した（最判平成24年2月20日（平成22年（行ヒ）第278号）審決集未登載）。高裁判決に対する評釈として，根岸哲・判批・ジュリスト1420号293頁以下（2011）（平成22年度重判・経済法2事件）及びそこに掲げられた文献参照。

[399] 協和エクシオ事件審決取消訴訟東京高裁判決（東京高判平成8年3月29日判時1581号37頁）では，抽象的，包括的な基本合意のみでは特定の受注予定者の決定には至らないとしても，規範性を有し，十分拘束的である，と判示されている。

[400] 当然ながら基本合意が不明確であるならば，そのようなパッケージ化は不可能である。その際は，断片的な個別調整の積み重ねから基本合意を推認し，そこから一連の個別調整の存在を推認するという，逆輸入的な推認方法がとられるかもしれない。

ジ認定をしておかないと課徴金額算定については各々の個別調整が立証された限りにおいて納付命令が可能となるという結論を招くことになる[401]。

第2款　一方的協力のケース

入札談合の事案の中には「拘束が一方的であるが故に入札談合に参加した一部事業者には違反が成立しない」というケースが存在する[402]。

ある市が発注する造園工事について同市の土木業者が発注規模に応じて棲み分ける協定を結んだ。ある規模の工事に振り分けられた事業者がこの規模の工事で同市から指名された場合にのみ受注でき，この規模以外の工事で指名されたとしてもそもそも受注できないという申し合わせの下，該当する被指名業者のみで調整を行い，非該当の被指名業者は申し合わせの結果をただ受け入れ，決められた受注予定者が落札できるように協力することのみが要請された。つまり割り振られた区分の中においては受注調整に参加し自ら協力し，協力される業者と，受注調整の結果を受け入れるだけで自らは受注することがない，言い換えれば協力するだけの業者とに分かれることになる。つまり，このようなルールにおいては，認定される一定の取引分野が一部の区分に限定された場合には，一方的に協力するだけの業者が出現することになり，この業者には相互拘束性が欠けるのではないかという論点が提起されることになるのである。

公正取引委員会のとった結論は，そのような業者には相互拘束性が欠けるとして違反を認めないというものであった。しかし，自ら競争的に行動すれば競争減殺は生じないのにもかかわらず競争回避行動をとり，協力している応札業者が，当該区分においては自ら受注する予定がないという理由だけで違反を免れることに規範的な受け入れ難さを感じる者は少なくないだろう。ここでは，相互拘束が認定された一定の取引分野を超えて存在してはならないと読む必然性はどこにもない，とだけ述べておこう[403]。

401　この辺たりの議論については，楠茂樹「入札談合における「合意」をめぐる諸問題：日本道路興運事件審判審決」公正取引 731 号 81 頁以下（2011）参照。
402　公取委審判審決平成 13 年 9 月 12 日審決集 48 巻 112 頁。

第4節　市　場

　2条6項では実質的競争制限が「一定の取引分野」において生じることを規定している。

　基本合意の下で一連の個別調整が包括的に一個の違反行為として認定されれば，画定される市場を広がりのあるものとして理解することが可能になる。各入札に際しての調整行為を以て個々の違反行為と認定するならば，各入札が「一定の取引分野」と理解することになるが，各入札は果たして「分野」という言葉に馴染むのであろうか。

　この「分野」という言葉を措けば，独占禁止法の目的規定から読み進めても，どこにも一回限りの入札談合を独占禁止法違反の射程から除外することを要請する規定は存在しない。一方，独占禁止法の趣旨が事業者による反競争的行為の禁止とそれによる一般消費者の利益確保と国民経済の民主化，健全化にあると考えるのであれば，禁止されるべき競争制限の射程を積極的に広げることが要請されているはずである。解釈上，「一定の取引分野」の射程を広げることに躊躇する理由は見出せない。ただ，実務上は，一発注者による一回の発注における入札談合は，刑法上の談合罪に回されることはあっても独占禁止法違反に問われることはない，といわれている[404]。

403　この辺たりの議論については同事件の評釈である，金井貴嗣・ジュリスト経済法判例・審決百選（第7版）（27事件）及びそこに掲げられた文献参照。栗田・前掲注（149）31頁では「…広範囲に連続的な広がりを持って行われている談合行為を適切に『切り取り，事件として構成する』審査官の力量が問われる。…この事件の切り取り・構成が的確に行われないと，審判・訴訟において様々な法律上・事実認定上の争点を生むことになる。」と指摘されている。
　　付言すると，相互拘束要件にいう「相互」という言葉に引きずられた法解釈の制約を克服しようと，「共同して…相互に」までをまとまった一要件として位置付けようとする見方があるように思われる。本著注（398）の最高裁判決参照。

404　白石忠志「政府調達と独禁法」フィナンシャル・レビュー104号（2011）44頁参照。なお，2010年の多摩談合事件(新井組ほか)東京高裁判決(本著注（398）)では，「一定の取引分野」を「同種又は類似の商品又は役務について，需要者あるいは供給者として二以上の商業等の事業を行う者が存在し，その者らが生産，販売，価格，技術等について事業活動を行うことができる場」と解し，競争制限効果の有無を個別入札毎に見出そうとしている。しかし，同事件の前記最高裁判決で，そのような考え方は退けられ，基本合意の及ぶ一連の入札を全体的に捉えて市場画定を行っている。

第 5 節　反競争性

　一定の取引分野において生じる「競争の実質的制限」（2 条 6 項）の理解については，東宝・スバル事件高裁判決[405]が先例である[406]。簡単にいえば，市場支配力（市場支配的状態）の発生，維持，強化といわれるものがそれである。また，公正競争阻害性の説明の便宜で「競争減殺型」などといわれることもある。本件事件は，企業結合規制違反（私的独占規制や不当な取引制限規制と同じように実質的競争制限という効果要件が置かれている[407]）が問題になった事案であるが，入札談合を違反の射程に入れる不当な取引制限規制においても同様の理解がなされており，これに対する異論は見受けられない。

　個々のケースにおいて入札談合が不成功に終わる場面はなくはない。アウトサイダーの存在はその典型的場面である。しかし公共工事分野ではアウトサイダーの受注能力にも限界があり，その数が限定的ならば，アウトサイダーの存在は入札談合の不成功を必ずしも意味しない。全体としての競争減殺効果を消滅させるまでには至らず，その効果が限定的になるだけである。

　入札談合事案において反競争性の有無が問われるその他の場面として，しばしば，ある発注案件における入札手続や発注の条件，その他契約過程からそもそも競争の余地は存在せず，故に入札談合による競争減殺の余地もない，という主張を耳にする。その一例が，既に触れた郵便区分機事件高裁判決（差戻審）である。そこでは違反が疑われた 2 業者から，「郵政省から郵政省内示を受けていなかった原告」である業者は，「入札対象物件のうち郵政省内示を受けていない物件については，入札日から納入期限までが極めて短期間と設定されていたこと，既設他社製選別押印機等との

---

[405]　東京高判昭和 26 年 9 月 19 日高民集 4 巻 14 号 497 頁。
[406]　関連する判例，学説については任意の教科書を参照のこと。
[407]　但し，私的独占や不当な取引制限と異なり，「競争を実質的に制限すること$\underset{\cdot}{と}\underset{\cdot}{な}\underset{\cdot}{る}$」（強調は著者）とされており，将来に渡って生じる反競争的効果が問題にされていることが分かる。

接続を義務づけられていたこと，等の入札条件のもとにおいては，当初から入札に参加して落札することができない状態すなわち当初から他方の原告との競争から排除されて他方の原告とは競争することができない状況（競争不能状況）にあった。」との主張がなされたが，受け入れられなかった。

第6節　正当化

独占禁止法2条6項は「公共の利益に反」することが競争制限行為の正当化要件となっている[408]。では，どのような場合に正当化が認められるのか。

競争減殺効果が生じても正当化ができる場合には独占禁止法違反にはならない。石油カルテル（価格調整）事件最高裁判決[409]は「公共の利益」の観点から競争減殺の正当化の余地を認めている。再び引用しよう。

> 2条6項にいう「公共の利益に反して」とは，原則として同法の直接の保護法益である自由競争秩序に反することを指すが，現に行われた行為が形式的に右に該当する場合であっても，右法益と当該行為によって守られる利益とを比較衡量して，「一般消費者の利益を確保するとともに，国民経済の民主的で健全な発達を促進する」という同法の究極の目的…に実質的に反しないと認められる例外的な場合を右規定にいう「不当な取引制限」行為から除外する趣旨と解すべきである。

学説は，この概念を用いることに否定的で，実質的競争制限の有無の問題として競争減殺の正当化を図ろうとする傾向が強い。結局，説明の体裁が違うだけで実質的に同じ作業をしているだけなので，その違いは無視できる[410]。

408　直後に見るように，多くの学説はこの要件に独自の存在意義を認めない。
409　最判昭和59年2月24日刑集38巻4号1287頁。

問題はどのような場面においてこの正当化が認められるかである。例えば前記郵便区分機事件高裁判決（差戻審）では，違反が疑われた業者は，本件は「独占的買主（発注者）である郵政省が，その郵便処理機械化による効率性の向上，経費の削減等を目的とする郵便事業の大改革及びこれによる消費者利益の確保という国家的プロジェクトを確実に実現するために郵便処理機械化のための区分機類の製造販売業者（売主・受注者）側の立場にある」業者に協力を求めた事案である旨主張している。これに対し判決は，これら二業者は「郵政省の区分機類の発注のおおむね半分ずつを安定的，継続的かつ確実に受注する目的を持って本件違反行為を行っていたものと認められる」から「公共の利益に反して」いることは明らかであるとし，また新規参入業者の出現によって落札率が大幅に低下していることも業者側の主張を退ける理由として挙げている。

競争減殺によって公共調達の目的が実現できるとする業者側の理屈は，決して突拍子もないものではなく，（刑法の談合罪の事件であるが）かつての大津判決[411]のロジックそのものである。競争が激化して，勢い低価格受注になれば手抜き工事のリスクも高まるという理由で入札談合を正当化したものであった。しかし，同様のロジックは現代では通用しない[412]。実務上，入札談合の正当化の余地は皆無といってよい[413]。

410　第3部第1章第1節第3款参照。
411　本著第1部第1章。
412　例えば，第二次東京都水道メーター談合刑事事件最高裁判決（最判平成12年9月25日刑集54巻7号689頁）は，「…本件合意は，競争によって受注会社，受注価格を決定するという指名競争入札等の機能を全く失わせるものである上，中小企業の事業活動の不利を補正するために本件合意当時の中小企業基本法，中小企業団体の組織に関する法律等により認められることのある諸方策とはかけ離れたものであることも明らかである。したがって，本件合意は…『公共の利益に反して』の要件に当たる…」と述べている。
413　理屈としては買手独占（monospony）への対抗措置という見方もあり得るだろう。ただ，民需と官需，下流市場の存在の有無（官需の多くは買手が最終ユーザー）等で評価が変わり得るともいえるだろうから，議論はさらに複層的なものになろう。

第7節　法執行

本著は，公共調達分野に特有な独占禁止法上の問題を扱うことを課題としているので，法執行に関することについても，公共調達に関連する部分についてのみ記述することとする[414]。

第1款　排除措置命令

独占禁止法7条1項は，3条後段の不当な取引制限規制等に違反する行為を排除するために必要な措置を公正取引委員会が命じることができる旨定めている。具体的には，基本合意の破棄，関係者への周知徹底，公正取引委員会への経過報告等である。

同2項は「違反する行為が既になくなつている場合においても，特に必要があると認めるときは…当該行為が既になくなつている旨の周知措置その他当該行為が排除されたことを確保するために必要な措置を命ずることができる。」と定めている。公共調達分野で同項の適用が問題になったケースが，郵便区分機事件最高裁判決[415]だった。そこでは以下のような事情があったので，「特に必要があると認め」られた。なお，「上告人」とは公正取引委員会を指し，「被上告人」とは違反が疑われている事業者を指す。

> ①　被上告人らが，担当官等からの情報の提示を主体的に受け入れ，区分機類が指名競争入札の方法により発注されていた当時から本件違反行為と同様の行為を長年にわたり恒常的に行ってきたこと。
> ②　被上告人らは，一般競争入札の導入に反対し，情報の提示の継続を要請したこと。
> ③　被上告人らは一定期日以降本件違反行為を取りやめているが，これは被上告人らの自発的な意思に基づくものではなく，上告人が本件について審査を開始し担当官等が情報の提示を行わなくなったという外部

414　独占禁止法の法執行面における基本的事項については任意の教科書を参照のこと。
415　最判平成19年4月19日審決集54巻657頁。

的な要因によるものにすぎないこと。
④　区分機類の市場は被上告人らと日立製作所との3社による寡占状態にあり，一般的に見て違反行為を行いやすい状況にあること。
⑤　被上告人らは，審判手続において，受注調整はなかったとして違反行為の成立を争っていること。

　以上の点を指摘して最高裁は，「担当官等が情報の提示を行わなくなったこと」，及び途中から他の業者が「新規参入し競争環境が相当変化した」という「事実が示されているが，これらの事実が示されているからといって，『特に必要があると認めるとき』の要件に該当する旨の判断の基礎となった上告人の認定事実が示されているということの妨げとなるものではない。」とした[416]。契約制度の歪みに起因する傾向のある[417]違反行為それ自体がなくなってもその素地が解消されていないが故に再び復活する可能性について，入札談合はそれ以外の独占禁止法違反と比べて高いといえる。そうであるならば，この7条2項に基づく排除措置命令は，法令上は例外的なものであっても実務上例外的なものとは言い切れないだろう。

第2款　課徴金納付命令

1　概要

　違反行為に関連する売上額に一定の率を乗じることで算出される課徴金（7条の2第1項）の徴収は，独占禁止法違反に対する主要な制裁，措置手段のひとつである。そこでいう一定率は，独占禁止法上詳細に規定があり，違反類型，事業者規模，産業区分，首謀者性，繰り返しの有無，違反の早期取り止め，さらには公正取引委員会への情報提供の有無（及びその態様）[418]といった条件によって増減することになる（7条の2各項）。不当な取引制限の場合，最大の課徴金算定率は20％となる。期間は「当該

---

[416]　結果，「特に必要があると認めるとき」の判断について，公正取引委員会の「裁量権の範囲を超え又はその濫用があったものということはできない」とした。
[417]　その特徴を明らかにすることが本著第1部の課題であった。

行為の実行としての事業活動を行つた日から当該行為の実行としての事業活動がなくなる日までの期間」（7条の2第1項）であるが，「当該期間が3年を超えるときは，当該行為の実行としての事業活動がなくなる日からさかのぼつて3年間とする」とされている（同）[419]。課徴金額は，違反が認められた場合，その事実に基づいて機械的に算定されることになり，公正取引委員会に課徴金徴収の要否，課徴金額算定における裁量は存在しない。

なお，違反事業者に対して刑事罰[420]が科された場合には，科された罰金の半額を課徴金から控除することとなっている（7条の2第19項）[421]。

---

418 2005年の独占禁止法改正で課徴金減免制度が導入された。課徴金減免制度とは，不当な取引制限を行い7条の2第1項の規定により課徴金を課されることになる違反事業者が，自ら違反事実を公正取引委員会に申告した場合に，満たされた条件に応じて課徴金の減免が認められる制度である（詳細は，最新の独占禁止法テキスト参照）。

現行法上，減免を受けられるのは全部で5者である。ただ公正取引委員会の調査開始日後は最大3者までとされている。調査開始日前の申告については1位が全額免除，2位が50％減額，3〜5位が30％減額となっている（7条の2第10項以下）。調査開始日後は各事業者30％となっている。なお，同一企業グループ内の事業者が複数あっても，2009年独占禁止法改正までは単独でのみ減免の申請を行うことが可能であったが，同改正により共同申請が認められることとなった（13項）。

独占禁止法は情報提供を行っても減免を受けられない場合についていくつかの規定を置いているが，例えば，「当該報告又は提出した当該資料に虚偽の内容が含まれていた」場合，「当該事業者が求められた報告若しくは資料の提出をせず，又は虚偽の報告若しくは資料の提出をした」場合，「当該事業者がした当該違反行為に係る事件において，当該事業者が他の事業者に対」し，課徴金の対象となる不当な取引制限規制違反を「することを強要し，又は当該違反行為をやめることを妨害していた」場合，である（17項各号）。

制度運用の実績については，カルテル事案が談合事案を圧倒的に上回っている（http://www.jftc.go.jp/dk/genmen/kouhyou.html）。これは入札談合自体が独占禁止法の制裁・措置の強化や一連の公共調達改革によって解消されたという見方の他に，入札談合という固い鎖を減免制度によって断ち切るのは困難だからという見方もできる。

419 独占禁止法7条の2第27項は「実行期間（第4項に規定する違反行為については，違反行為期間）の終了した日から5年を経過したときは，公正取引委員会は，当該違反行為に係る課徴金の納付を命ずることができない。」と定めている。

420 本節第3款参照。

421 この調整規定に対する批判は強い。2005年改正のフォローアップの目的で設置された内閣府独占禁止法基本問題懇談会の報告書（2007年6月26日公表）（http://www8.cao.go.jp/chosei/dokkin/finalreport.html）でも「行政上の目的を達成するために課される違反金と反社会的行為に対する道義的非難である刑事罰は趣旨・目的が異なり，独立した制度であることから，両者の金額調整は必ずしも必要ではないと考えられる。」と指摘されている。その他に，楠茂樹「独禁法措置体系改革について：回顧と展望」産大法学39巻1号21頁以下（2005）参照。

2　入札談合からの離脱，入札談合の解消と課徴金

　基本合意の存在で独占禁止法違反が認められるとしても，それだけでは課徴金額が決まる訳ではない。仮に，(明確な受注調整ルールが定められた) 基本合意はあったものの最初の入札で調整ができないまま合意が破棄され，以後競争的に応札されたような場合には，独占禁止法違反になるものの課徴金は課されない。何故ならば，課徴金額算定の基礎となる「当該行為の実行としての事業活動を行つた日から当該行為の実行としての事業活動がなくなる日までの期間…における当該商品又は役務の…売上額」（7条の2第1項）が存在しないからである。

　公正取引委員会は違反認定の際，基本合意の存在から一連の個別調整の存在をパッケージで認定する。個別調整それ自体は具体的に認定されることがなくとも，基本合意の影響下にあるとされる個別調整の対象となる案件は，課徴金額の算定の基礎たる「商品又は役務の…売上額」としてカウントされる。これはあくまでも推定が働いている状態である。つまり，基本合意の存在について争えない場合には，この推定を覆すことが課徴金をめぐる違反事業者側の防御方法ということになる。

　個別の入札案件において，ある事業者の応札行動が基本合意の影響下にないというために主張する必要がある事実は，大きく分けて二つある。ひとつが，当該事業者の当該案件，あるいはある案件以降の案件における応札行動は基本合意の影響を受けていない（つまり離脱した）という場合であり，もうひとつは，そもそも入札談合それ自体が解消した（つまり基本合意それ自体が破棄された）場合である[422]。

(1) 離脱問題

　一連の個別調整が基本合意によって包括され，全体としての一個の独占禁止法違反を構成すると考えられる場合，ある事業者が途中離脱したとしてもその事業者に成立する違反自体がなくなる訳ではない。ではその案件での（あるいはそれ以降での）課徴金を免れることが可能となるか。

---

[422] この点については，楠・前掲注（401）84頁以下参照。なお，栗田・前掲注（149）34頁も参照。

また，一連の個別調整が基本合意の存在によりパッケージとして違反認定される中，離脱が認められ，その限りで課徴金を免れるためには当該事業者は何を主張，立証しなければならないか。

入札談合からの離脱が認められ，当該案件における売上額が課徴金額算定の基礎とされなかったケースである土屋企業事件東京高裁判決[423]は，7条の2第1項にいう「当該商品又は役務」の意味を次のように解している。

> …「当該商品又は役務」とは，当該違反行為の対象とされた商品又は役務を指し，本件のような受注調整にあっては，当該事業者が，基本合意に基づいて受注予定者として決定され，受注するなど，受注調整手続に上程されることによって具体的に競争制限効果が発生するに至ったものを指すと解すべきである。そして，課徴金には当該事業者の不当な取引制限を防止するための制裁的要素があることを考慮すると，当該事業者が直接又は間接に関与した受注調整手続の結果競争制限効果が発生したことを要するというべきである。

この解釈と判断基準[424]の下，当該事業者がある案件で，受注の希望を示し，受注予定者の「要請に応じて話合いに応じたものの，『仕事がないので受注したい。』との一点張りで通し，その結果話合いは決裂」し，当該事業者「自身はその後他の指名業者に対する連絡も協力依頼もして」おらず，また当該事業者が受注予定者に「対して他の指名業者に対する連絡，協力依頼を委託したことも認定されていない」場合において，当該案件において受注した当該事業者の売上額が「当該商品又は役務」のそれから外されている[425]。

423　東京高判平成16年2月20日審決集第50巻708頁。
424　刑法における「共犯からの離脱」論との比較をすると興味深い考察ができそうである。前記土屋企業事件高裁判決に対して違和感を覚える論者がいるとするならば，その直感を描写しようとする際その辺たりにヒントがありそうである。
425　本判決の意義と他の審判決との関係については，その後の実務の動向も含めて，内田耕作・経済法判例・審決百選〈第7版〉(107事件) 参照。

一方，受注調整の結果2業者に受注予定者が絞られたが結局折り合いが付かずたたき合いになったケースにおいては，そこでの売上額は「当該商品又は役務」のそれとされている[426]。

たたき合いのケースは「個別案件における単発的な離脱」が問われるものであるが，基本合意自体からの離脱のケースについては，岡崎管工事件東京高裁判決[427]が次の通り述べている。

> …受注調整を行う合意から離脱したことが認められるためには，離脱者が離脱の意思を参加者に対し明示的に伝達することまでは要しないが，離脱者が自らの内心において離脱を決意したにとどまるだけでは足りず，少なくとも離脱者の行動等から他の参加者が離脱者の離脱の事実を窺い知るに十分な事情の存在が必要であるというべきである。

この理解の下，同判決では，ある入札において受注調整の決定に従わずに自ら落札したが，後の入札においては受注調整の結果に従って受注予定者の落札に協力していた等の事情から，基本合意からの離脱時期がこの受注調整への裏切りの段階には認定されなかった。

同判決は，前記土屋企業事件高裁判決とほぼ同様のことを述べているといえる。土屋企業事件は個別調整への不参加のケースであったが，単に結果的に不参加となっただけではなく不参加の意思表明を当初から行っていたものである。だからこそ受注調整によって一定の競争減殺効果が発生しながらも受注者が課徴金を免れる結論を導くことができたのである。岡崎管工事件判決にいう離脱の要件が満たされるということは，土屋企業事件高裁判決にいう「当該事業者が直接又は間接に関与」することがないこと

---

[426] 東京高判平成8年3月29日判時1581号37頁（協和エクシオ事件）。「独占禁止法第7条の2に規定する『当該商品又は役務』とは，『当該違反行為』の対象になった商品又は役務全体を指し，本件のような受注調整の場合には，調整手続に上程されて，具体的に競争制限効果が発生するに至ったものを指すと解される」と述べ，受注調整の結果落札予定者が2者に絞られ，この二者で折り合いが付かないままたたき合いになったケースの売上額を「当該商品又は役務」のそれに含めた。

[427] 東京高判平成15年3月7日審決集49巻624頁。

を意味する。

　最後に，課徴金減免制度との関係に触れておこう。独占禁止法上，課徴金の減免を受けるためには，「当該違反行為に係る事件についての調査開始日以後において，当該違反行為をしていた者でない」（7条の2第10項2号，同11項4号等）という条件が付けられているが，上記岡崎管工事件判決ではこの非違反者要件を超えた条件（「離脱者が自らの内心において離脱を決意したにとどまるだけでは足りず，少なくとも離脱者の行動等から他の参加者が離脱者の離脱の事実を窺い知るに十分な事情の存在」）を課している。

　課徴金減免制度は公正取引委員会によるカルテル，談合の摘発を容易にし，違反行為の効果的抑止を実現するために政策的に導入された制度である。非違反者要件についてもこの政策的観点から理解されるべきものであり，入札談合からの離脱が認められ，以後すべてのあるいは一部の違反に対するサンクションを免れる効果を得るかどうかの問題と同じ観点から論じられなければならないものではない。課徴金減免制度においては違反行為にかかわる情報提供がなされていれば政策的要請は大部分満たされることになり，非違反者要件の理解において「違反状態の解消へ向けた積極的な努力」を求める理由はない（そもそも違反行為者が課徴金減免を受けるための要件として，公正取引委員会に違反事件を報告したことを第三者に明らかにしてはならないとされている）。課徴金賦課を部分的に免れる効果を有する離脱の成否とは事情が異なる[428]。

　岡崎管工事件判決が入札談合からの離脱を認めるための条件として求めた，「離脱者が離脱の意思を参加者に対し明示的に伝達することまでは要しないが…少なくとも離脱者の行動等から他の参加者が離脱者の離脱の事実を窺い知るに十分な事情の存在」は，複数事業者間で成立している合意という「鎖」を自社との関係で「もはや協力は期待できない」状況に至る程度に「断ち切った」といえるに十分な事情の存在，と言い換えることが

428　この辺たりの記述につき，楠・前掲注（401）85頁参照。

できる。国土交通省発注橋梁談合事件審判審決[429]が，基本合意からの離脱が認められるためには「他の参加者らによって実施される受注調整行為に対して歩調をそろえるという行為からも離脱するとの意思の連絡が他の参加者に明確に認識されるような意思の表明又は行動等の存在」が必要としたのも同様である。これまで行っていた具体的な調整行為が本件業務においてはなされなかったという事情がこの「鎖の切断」と評価できるかは，本件事案の諸々の事情を総合的に勘案しなければならない[430]。

(2) 解消問題

入札談合が解消されれば，違反の終期が決まる。違反の終期が異なれば課徴金額も変わってくる。除斥期間との関係で，課徴金賦課から免れることができるかもしれない。事業者側の防衛上，入札談合の解消問題は大きなヤマ場になり得るものとなる[431]。

どのような事情が認められれば入札談合が解消されたといえるのであろうか。これには違反事業者の内部的事情によって解消に至る場合と，外部的事情によって解消に至る場合とがある。内部的事情には例えば，入札談合の合意の逆，すなわち入札談合解消の合意を事業者間で行う場合，離脱者が相次ぎ合意それ自体が無意味化する場合などが考えられる。外部事情としては，発注者が入札談合の対象となっていた調達活動を止めるとき，

429　公取委審判審決平成21年9月16日審決集56巻第1分冊192頁。
430　前記土屋企業事件高裁判決は「課徴金には当該事業者の不当な取引制限を防止するための制裁的要素があることを考慮すると，当該事業者が直接又は間接に関与した受注調整手続の結果競争制限効果が発生したことを要する」とし，具体的には，ある基本合意参加者が個別調整の段階で受注候補者と折り合いが付かず，(1)「仕事がないので受注したい。」との一点張りで通す，(2)話し合いが決裂，(3)その後他の指名業者に対する連絡も協力依頼もしていない，といった事情から当該事案で競争的に受注した当該事業者について，この案件の売上額を課徴金額算定のベースから除外するという結論を導いた。つまり，特定の案件においては特定の事業者に限って「鎖が切断された」ということである。本件事件は，明示的に自分の意思を伝えていたケースであるといえる。
431　本著後掲注(433)の日本道路興運事件審判審決の他，ポリプロピレン価格カルテル事件課徴金納付命令審判審決（公取委審判審決平成19年6月19日審決集54巻78頁），モディファイヤー価格カルテル事件東京高裁判決（東京高判平成22年12月10日審決集57巻第2分冊222頁）等参照。

入札方式の変更によって入札談合が機能しなくなるとき，公正取引委員会等による入札談合の摘発がなされ，あるいは課徴金減免制度が適用されることで入札談合が破たんを来す場合，などを考えることができる。

　指名競争入札が行われた時代の入札談合の基本合意はあったが，一般競争入札となった段階で問題とされる工事や業務は基本合意の対象外とされ，結果，具体的な競争制限効果は何ら発生していないという主張は通るであろうか[432]。一般論としていえば，一般競争入札は指名競争入札のような指名がない分，入札談合が困難な方法であると考えられているが，入札参加資格の設定等の事情次第で指名競争入札と変わらない，あるいは場合によってはより入札談合を容易にする方法でもあり得る。少なくとも，一般競争入札だから入札談合は解消される（されざるを得ない）という直線的な理解は暴論に近い。日本道路興運事件審判審決[433]は，「不当な取引制限の対象とされた商品又は役務の範ちゅうに属するものであれば，個別の入札において基本合意の成立によって発生した競争制限効果が及ばなかったと認めるべき特段の事情がない限り，当該入札の対象物件には，自由な競争を行わないという基本合意の成立によって発生した競争制限効果が及んでいるものと推認することができる。」として，特段の事情の有無に結論を委ねる構成をとっているが，とするならば，入札方式の変更という外部的事情がこの特段の事情に該当するかの検討が必要ということになる。

3　課徴金減免制度

　2005年の独占禁止法改正によって同法に課徴金減免制度が導入された。これは自ら公正取引委員会に不当な取引制限規制違反の事実を申告した事業者に対して，課徴金の全額免除あるいは一部減額を認めるものである。2009年同法改正により対象となる違反事業者の範囲が拡大された[434]。

432　楠・前掲注（401）86頁参照。
433　公取委審判審決平成22年12月14日審決集57巻第1分冊398頁，412頁。解説として，楠・前掲注（401）参照。
434　本著注（418）の記述の他は，課徴金減免制度について触れた文献は多い。任意のテキストを参照のこと。

実際適用されたといわれているケースで目立つのはカルテル事案であるが、談合事案も当然対象となり得るものである[435]。とはいえ、入札談合に特有の問題としては材料乏しいので、本著では言及しないこととする[436]。

第3款 刑事制裁

不当な取引制限に対する独占禁止法上の刑事罰規定として、違反行為者個人に対する89条、法人等に対する95条、法人代表者等に対する95条の2がある。法定刑は、89条においては「5年以下の懲役又は500万円以下の罰金」、95条においては「5億円以下の罰金」、95条の2については、89条の罰金刑と同じ(すなわち500万円以下の罰金)となっている。なお、法人代表者等に対する処罰規定である95条の2が適用されたことは(本著執筆段階で)これまで一度もない。

独占禁止法上の刑事制裁では、公正取引委員会が検事総長に告発して検察が起訴するという手続がとられている(独占禁止法74条、96条)。公正取引委員会は告発に関する以下の方針[437]を公表しており、この方針に基づいて告発が行われることとなっている。

  ア　一定の取引分野における競争を実質的に制限する価格カルテル、供給量制限カルテル、市場分割協定、入札談合、共同ボイコット、私的独占その他の違反行為であって、国民生活に広範な影響を及ぼすと考えられる悪質かつ重大な事案

  イ　違反を反復して行っている事業者・業界、排除措置に従わない事業者等に係る違反行為のうち、公正取引委員会の行う行政処分によっ

435　例えば、電気設備工事の入札談合での適用事例がある。
436　カルテルと入札談合の性格の違いが減免制度の実務にどのような影響を有するのかは興味深い点ではある。また、例えば、(地方の)土木工事のような構造的に談合が安定化している分野における効果が疑問であるといった問題を挙げることはできる。
437　独占禁止法違反に対する刑事告発及び犯則事件の調査に関する公正取引委員会の方針(2005年10月7日)。

ては独占禁止法の目的が達成できないと考えられる事案について，積極的に刑事処分を求めて告発を行う方針である[438]。

なお，同時に，前記課徴金減免制度の適用を受けた事業者のうち全額免除に該当する事業者については，一定の要件を満たした当該事業者，その役職員者については刑事告発を行わない方針も示している。

これまでに刑事告発された入札談合事案は数える程しかない[439]。

1．社会保険庁発注シール談合事件（1993年2月24日告発）[440]
2．下水道事業団発注電気設備工事談合事件（1995年3月6日告発，同年6月7日追加告発）
3．第一次東京都発注水道メーター談合事件（1997年2月4日告発）
4．防衛庁発注ジェット燃料談合事件（1999年10月13日告発，同年11月9日追加告発）
5．第二次東京都発注水道メーター談合事件（2003年7月2日告発）
6．国交省発注橋梁談合事件（2005年5月23日告発，同年6月15日追加告発）
7．日本道路公団発注橋梁談合事件（2005年6月29日告発，同年8月1日，15日追加告発）[441]
8．市町村等発注し尿施設談合事件（2006年5月23日告発，同年6月12日追加告発）
9．名古屋市発注地下鉄工事談合事件（2007年2月28日告発，同年3

---

438 同「告発の方針(1)」
439 公正取引委員会年次報告書（2010年度）（http://www.jftc.go.jp/info/nenpou/h22/index.html）参照。
440 このケースは，談合罪で個人が立件され，後から独占禁止法違反で事業者が立件された珍しいケースである。この点を解説するものとして，斎野彦弥「独占禁止法上の不当な取引制限の罪と刑法の談合罪との関係について(1)」公正取引534号25頁以下（1995）参照。
441 本件は，日本道路公団の副総裁（当時）が独占禁止法違反の共同正犯の他に，背任罪（刑法247条）にも問われているところが特徴的である。東京高判平成20年7月4日審決集55巻1057頁は被告に対して背任罪の成立を認めた（平成22年9月22日最高裁上告棄却決定）。入札談合事件における背任罪の成立の問題については

月 20 日追加告発）

10. 緑資源機構発注地質調査等談合事件（2007 年 5 月 24 日告発，同年 6 月 13 日追加告発）

他に触れる箇所がないことから，本注において触れることとする。
東京高裁判決における関連部分を抜き出すと以下の通り。

　　…被告人…は，…ＪＨの理事として，富士高架橋工事の施工を承認するに当たり，工事請負代金の支出が適切になされるように，工区割り等の適否を判断して指示すべき任務を有していたことは明らかであ」り，「「新たなコスト削減計画」の内容を認識していたのであるから，ＪＨの理事として，同計画に従って，ＪＨが発注する工事代金の支出が適切になされるよう，工区割り等の適否を判断して指示をしなければならない具体的任務があることを十分認識していたはずである」が，業者側から「分割発注の陳情を受け，それが，受注予定会社の割り付けをしやすくするためのものであることを認識しており，しかも，分割発注をすれば諸経費が増大することを常識として知悉していながら，技術的観点からも，コスト削減の見地からも合理性を欠く富士高架橋工事の分割発注を指示したのであるから，この分割発注の指示が，被告人…の任務に違背することは明らかである…。

　　弁護人は,富士高架橋工事の分割発注は官公需法の趣旨に沿ったものであり，任務違背性はない旨主張する」が，「①官公需法 3 条は，「予算の適正な使用に留意しつつ」という留保を付した上で，「中小企業者の受注の機会の増大を図るように努めなければならない。」と定めていること，②官公需法 4 条に基づく閣議決定「中小企業者に関する国等の契約の方針」は，「2　中小企業者の受注機会の増大のための措置」の「(6)　分離・分割発注の推進」の項において，「公共工事においては，公共事業の効率的執行を通じたコスト縮減を図る観点から適切な発注ロットの設定が要請されているところであり，かかる要請を前提として分離・分割して発注を行うよう努めるものとする。」と定めていること，③平成 16 年 4 月 1 日付け国会公第 161 号各発注機関の長宛ての国土交通事務次官通達「平成 16 年度国土交通省所管事業の執行について」記 3 の(1)のロは，「工事の性質又は種別，建設労働者の確保，建設資材の調達等を考慮した上，地元建設業者，専門工事業者等の中小建設業者等を活用して円滑かつ効率的な施工が期待できる工事については，適切な施工体制を確保しつつ，コスト縮減の要請や市場における競争が確保される範囲内で可能な限り分離・分割発注を行うこと。」と定めていること，④ＪＨは，平成 14 年 10 月に道路関係四公団民営化推進委員会に提出した「建設中路線の残事業に関するコスト縮減額試算について」と題する書面においては，工事規模を拡大することによるコスト削減について，「中小企業に配慮しつつ発注単位を効率化等」と記載していたが，官公需法も飽くまでも予算の適正な使用を，前提にしているとの認識に立って，既発注工事を止めることとなる事項以外はすべてコスト削減の対象にするというＪＨの方針を徹底させる趣旨から，平成 15 年 3 月に同委員会に提出した「新たなコスト削減計画」においては，「中小企業に配慮しつつ」の文言を削除し，単に「発注単位の効率化等」とのみ記載したことなどに鑑みると，国やＪＨの方針は，中小企業の受注機会確保の必要性よりも，建設コスト削減の要請を優先しているということができるのであって，決して中小企業に受注機会を与えるためであれば,建設コスト削減の要請を損なってもよいというものではない。

第4款　民事救済

　入札談合の被害者である発注者は，加害者である事業者に対して独占禁止法25条，民法709条を根拠に損害賠償請求をすることができる[442]。前者と後者の違いは，前者が，公正取引委員会の処分，審決の確定が前提であること，無過失責任であること，第一審の管轄が東京高裁である点にある（独占禁止法25条，26条，85条2項等）。

　入札談合を行った事業者に対して被害者である発注者は，加害者である談合業者に対してこれら規定に基づいて損害賠償請求を行う権利を有する。そこで損害額がどのように算出されるかが問題になるが，通常は損害賠償の予定としての違約金特約[443]がありその通りの請求を行うことになるので，これを論議することの実務上の実益はあまりなさそうである。つまり，契約の中で，予め契約金額の一定割合を違約金として定め，入札談合の事実が認められた際には受注者は発注者に対して一定の金銭を支払う義務を負うことになっているのである。

　なお，過去の住民訴訟等を見る限り，談合業者に対する損害賠償請求は民事訴訟法[444]248条にいう「損害の性質上その額を立証することが極めて困難であるとき」に該当する場面として扱われ，「口頭弁論の全趣旨及び証拠調べの結果に基づき，相当な損害額を認定する」こととなっている。実際には，談合時の落札率と談合発覚後のそれとの差を目安にしつつ，こ

　　受注機会の確保ということは，自由競争が行われていることが大前提であり，受注調整が行われているような状況下では成り立たないものであるといわざるを得ない。

　　受注調整という事情がなかった場合の背任罪の成否については不明であるが，分離・分割発注の合理性が重要な要素となっており，その合理性の重要な判断要素が発注者自ら定めた「方針」に沿っているかどうかに見出されることになる，ということは本判決からはいえるだろう。

442　最判平成元年12月8日民集43巻11号1259頁。
443　違約金の法的性格については，任意の民法テキストを参照のこと。ただ，あり得る論点として，発注者が最低制限価格（例えば予定価格の90％）を設定している場合，予定価格と最低制限価格の差以上（例えば契約金額の30％）の違約金（率）を定めてよいか，という問題を指摘しておく。
444　平成8年法律第109号。

れに何割掛けかを行うことで発注者の損害を算出する方法がとられる[445]。その際，損害額の算定が困難である事情の下で談合事業者に損害賠償義務を負わせる以上，その算定はある程度手堅く控え目な金額をもって認定することもやむを得ない，といった判断がなされることがある。住民訴訟でよく見かけるのは契約額の5-8％程度を損害額と認定するケースであるが，まれに15-20％程度のものも見かける[446]。

第3章　他者排除

入札談合は競争を停止することを申し合わせる行為であるが，独占禁止法はこうした競争停止の他に，他者を排除することで反競争効果をもたらす行為（他者排除行為）も禁止の対象にしている。公共調達に引き付けていうならば，他の受注希望者を入札から排除したり不利にしたりすること等を通じて，自らの受注機会を拡大しようという行為を指す。

独占禁止法上，他者排除行為に該当する違反類型は多岐に渡るが，ここでは実際に問題になった，またはなりそうなものに限定して紹介する[447]。

第一が私的独占規制である。独占禁止法3条は「事業者は，私的独占又は不当な取引制限をしてはならない。」と規定し，私的独占の定義規定である2条5項は次の通り定める。

445　例えば，奈良地判平成20年10月15日（平成19年（行ウ）第6号），大阪高判平成21年4月17日（平成20年（行コ）第163号）。
446　全国市民オンブズマン連絡会議（談合問題分科会）のウェブサイト（http://www.ombudsman.jp/dangou）参照。
447　公共調達において安定受注を目指したい既存の受注者が，競合他社を排除する手段はさまざまある。パラマウントベッド事件（本著注(26)）以外に，実際に公正取引委員会に摘発されたケースとしてロックマン事件（勧告審決平成12年10月31日審決集47巻317頁）がある（但し，発注者との取引市場からの他者排除が問題になったケースではないので注釈の中での言及に止めた）。解説として，細田孝一・経済法判例・審決百選〈第7版〉(53事件)及びそこに掲げられた文献参照。
　ある工事の施工現場の推進工法とされるロックマン工法に用いるロックマン機械の大部分を販売する1事業者と，ロックマン機械を用いて同工法による下水道管きょ敷設工事（ロックマン工事）等の土木工事を営む17事業者とが共同して，これら17事業者が属するロックマン工法協会の会員以外の者に同機械の貸与，販売，転売を禁止するよう決定した行為が公正取引委員会によって不公正な取引方法規制違反に問われた。

この法律において「私的独占」とは，事業者が，単独に，又は他の事業者と結合し，若しくは通謀し，その他いかなる方法をもつてするかを問わず，他の事業者の事業活動を排除し，又は支配することにより，公共の利益に反して，一定の取引分野における競争を実質的に制限することをいう。

　この内，排除による私的独占（排除型私的独占）を以下で取り上げることとする[448]。当然，良質廉価な製品やサービスを買い手（公共調達においては発注者）に提供することで競争他者が市場から退出させられたり，参入できなかったりする場合，競争は健全に行われているのであって独占禁止法上問題にすべきものではない。すなわち，私的独占規制ではそのよ

　　公正取引委員会が適用したのは，ロックマン工事を行う事業者に対しては旧一般指定1号（現行2条9項1号）を，販売業者に対しては旧一般指定2号（現行一般指定でも2号）を適用した。差が生じた根拠は，競争減殺効果が生じるのはロックマン工事の分野であって同分野で排除された会員以外の事業者と競争関係にあるのはロックマン工事を行う会員である事業者であって，販売業者はそれに当らないからである。
　　この事件の当時は，旧一般指定1号でも2号でも公正取引委員会の排除措置命令が下されるだけである点において変わりはなかったので，形式的な理屈が通りさえすればよかった。しかし現行法では，旧一般指定1号に当る2条9項1号は（一定の条件を満たせば）課徴金賦課の対象となる違反類型であり，（旧）一般指定2号はそうではない。違反類型間で処分の重みが違う以上，競争に与える影響の違いを意識しながらの適用条項の選択が求められることになる。
　　競争関係にある事業者間で結託し取引拒絶がなされる場合とそうでない場合の競争に与える影響の違いは，前者の方が競争減殺を直接もたらすだろうという直感があるからに他ならない。とするならば，ロックマン工事の分野から会員以外の事業者を排除することによる競争減殺がロックマン機械の貸与，販売，転売によってももたらされるのであれば，そのような効果をもたらす立場であることは，販売，貸与する販売業者であっても転売，貸与するロックマン工事の事業者であっても同じである。2条9項1号にいう「競争関係」を競争減殺が生じる分野の内部に限定しなければならない理由は必ずしも明らかでない。
　　ここで，ロックマン機械の販売業者からすれば取引相手は多い方が良いはずなので，何故にこのような合意を取引相手と交わすのか疑問に思われるかもしれないが，長年付き合いのある事業者からの依頼は断れないといった消極的な理由のほかに，受注業者数を一定に保つことで落札価格を高値安定させ機械の値崩れを起こさせないようにするといった考慮も働いているともいえる。公共調達，とりわけ公共工事分野においてはサプライチェーン間の協調関係は強固なものであることは，この分野に少しでも関係する者であれば容易に理解することができるだろう。
448　排除型私的独占の例として以下紹介する，前記パラマントベッド事件は支配型私的独占の事案でもあった。私的独占規制にいう「支配」とは，簡単にいえば，他の事業者を自己の意のままにコントロールすることである。効果要件は，排除型私的

うな「効率性に基づく」排除行為は問題にされることがない[449]。

第二が，不当廉売規制である。課徴金の対象となる不当廉売を規定する独占禁止法2条9項3号は次の通り定めている。

> 正当な理由がないのに，商品又は役務をその供給に要する費用を著しく下回る対価で継続して供給することであつて，他の事業者の事業活動を困難にさせるおそれがあるもの

課徴金対象外の不公正な取引方法を規定する2条9項6号柱書は次の通りである。

> 前各号に掲げるもののほか，次のいずれかに該当する行為であつて，公正な競争を阻害するおそれがあるもののうち，公正取引委員会が指

独占と同じ「実質的競争制限」である。なお，2005年独占禁止法改正で支配型私的独占に対して課徴金が課されることになった（独占禁止法7条の2第2項）。

では，パラマウントベッド社はどのような支配行為をしたのか。パラマウントベッド社は発注担当者に自ら有利な仕様を吹き込み，結果，納入業者が発注者に対して納入できるベッドを自社のそれに限定することに成功した。しかし，それだけでは納入業者間の価格競争を止めることはできず，それはパラマウントベッド社が納入業者に販売する際の販売価格の下落を意味することになる。そこで，パラマウントベッド社は納入業者に対して入札談合をするように持ちかけたのである。納入業者からすれば発注者への納入ベッドについてパラマウントベッド社以外の選択肢は残されておらず，また病院向けの医療用ベッドにおいてパラマウントベッドが非常に強い地位にあったことから，納入業者はパラマウントベッド社の持ちかけに応じざるを得ない立場にあった。その結果，パラマウントベッド社は納入業者に対して入札談合を組ませることに成功した。

公共調達分野においては，直接に入札に参加していない業者が競争制限行為にかかわることがある。パラマウントベッド事件は，サプライチェーンとしての入札談合へのかかわりのケースである。入札談合によって利益を受ける事業者は，直接の応札者だけではなくサプライチェーン全体であるということは入札談合の構造を理解するための重要なポイントである。

449 「排除行為とは，他の事業者の事業活動の継続を困難にさせたり，新規参入者の事業開始を困難にさせたりする行為であって，一定の取引分野における競争を実質的に制限することにつながる様々な行為をいう。事業者が自らの効率性の向上等の企業努力により低価格で良質な商品を提供したことによって，競争者の非効率的な事業活動の継続が困難になったとしても，これは独占禁止法が目的とする公正かつ自由な競争の結果であり，このような行為が排除行為に該当することはない。」（公正取引委員会「排除型私的独占に係る独占禁止法上の指針」（第2．1(1)）（本著掲注(455)））

定するもの

これを受けた一般指定6項は次の通り規定する。

　法第2条第9項第3号に該当する行為のほか，不当に商品又は役務を低い対価で供給し，他の事業者の事業活動を困難にさせるおそれがあること。

　不当廉売規制では，ある事業者が廉売によって他の事業者を排除することで支配的地位の獲得や強化を目指すところにその反競争性が見出されている。公正競争阻害性と実質的競争制限という効果要件の違いを考えるならば，不当廉売規制は私的独占規制の「予防規定」的な位置付けということになる[450]。そこでは私的独占規制と同様に効率性に基づく排除は問題にされない。すなわち，不当廉売規制の目指すところは私的独占規制のそれと変わるところがない[451]。

　不当廉売規制も含めて他者排除型の不公正な取引方法の諸類型は私的独占規制と被るところがある。このような二重規制的になっているのは独占禁止法制定の歴史的経緯に拠るものであり理論的なものでは必ずしもない[452]。

　以下，私的独占規制，不当廉売規制について，公共調達分野への適用を念頭に置きつつ解説する。なお，法執行面については省略する。

---

[450] 前記独占禁止法基本問題懇談会報告書（本著注（421））Ⅲ3⑵イでは，不当廉売規制を私的独占の予防規定として位置付けている。
[451] そうでない見方もある。全般的な解説として，根岸哲＝舟田正之『独占禁止法概説〔第4版〕』(2010) 232頁以下参照。
[452] 白石・前掲注（404）52頁。ただ，現行法では排除型私的独占に対する措置と不公正な取引方法に対するそれとで課徴金賦課に関して違いが生じているので，両者の間に存在する何らかの相違，軽重を説明する必要性が生じてきた。

第1節　欺罔型：私的独占規制から

第1款　「効率性に基づく排除」の除外：確認事項1

　私的独占規制では「効率性に基づく」排除行為は問題にされることはない[453]。この点については既に述べた通りであるが，重要なポイントであるので敢えて確認しておく。

第2款　実質的競争制限と公共の利益：確認事項2

　排除型私的独占規制については，不当な取引制限規制とは異なる実質的競争制限の理解を採用する学説が有力であったが，判例，実務は東宝・スバル型の理解をしている。

　2010年のNTT東日本FTTH私的独占事件最高裁判決[454]で，排除型私的独占についても東宝・スバル型の実質的競争制限の理解がなされた。その少し前に，公正取引委員会が排除型私的独占に対する課徴金制度導入に併せて2009年に公表した「排除型私的独占に係る独占禁止法上の指針」（2009年10月28日）[455]においても同様の理解が示されている[456]。ここではその通りの理解を前提にしておこう。

　なお，公共の利益については不当な取引制限規制と異なる解釈論が私的独占規制でなされている訳ではなく，そもそも実務で問題になることはない。上記第1款で見たように効率性に基づかない排除のみが私的独占規制違反の射程となっており，効率性に基づかない排除で実質的競争制限効果まで生じているのに，公共の利益から正当化できるようなケースを想起することは難しい。反社排斥のような社会的活動が関連するのかもしれな

---

[453] どの要件で効率性を評価するかという問題については省略する。なお，本著注(449)参照
[454] 最判平成22年12月17日民集64巻8号2067頁。
[455] 公正取引委員会ウェブサイト（http://www.jftc.go.jp/pressrelease/09.october/091028betten1.pdf）参照。
[456] 排除型私的独占規制における実質的競争制限の理解の仕方については，根岸・前掲注(334) 65頁以下（川濵昇執筆）。

い[457]が，それによって東宝・スバル型の競争減殺効果が生じるケースを想起することはやはり難しい。

第3款　欺罔型の事例

公共サービスにおいて行政機関が万能でないように，公共調達において発注者は万能ではない。例えばシステム調達や特殊な物品調達について，提供側の事業者よりも専門性を有する発注者は考えにくいし，あったとしてもごく少数にとどまるだろう。このような発注者からすれば専門業者からの発注者支援でも受けない限り（契約となればそれ自体が業務委託になる），仕様を組む段階で困難に直面するだろう。その他の業務委託や物品調達であっても同様である。その場合，非公式にこれまでに受注実績のある事業者に事前にヒアリングをかけて情報収集することがある。発注者からすればあくまでも参考材料として扱うことが求められているが，受注機会を拡大したい事業者からすれば知識の格差を利用して自らに有利な仕様等を発注者に組ませるように欺罔的に情報提供する（吹き込む）ことを画策するかもしれない。

パラマウントベッド事件は，まさに，このような，競争他者を排除するために発注者に対して欺罔する行為が問題とされたケースである[458]。

東京都発注の都立病院用ベッドの仕様について，パラマウントベッド社が発注担当者に対し，自らの実用新案権が付いた仕様や他社が製造するにはコストが高く付くような仕様を，そうであることを隠して吹き込んだこのケースでは，東京都と流通業者[459]との間でなされる取引市場（入札）から同社の競争他者（の製品）を排除し，競争減殺効果を生じさせたとして，公正取引委員会によって私的独占規制違反が認定され同社は排除措置

457　「効率性」にどのうな意味を込めるかでも議論の仕方が変わるだろう。
458　なお，同種の行為が問題にとされながらも違反が認められなかったケースとして，日之出水道機器対六寶産業事件（知財高判平成18年7月20日（平成18㋳第10015号）がある。解説として，上杉秋則・独占禁止法判例・審決百選〈第7版〉（96事件），白石忠志『独占禁止法の勘所（第2版）』（2010）202頁等がある。
459　本件においては，中小企業育成の観点から，入札に参加できるのはベッドを扱う流通業者に限定されていた。

命令を受けた[460]。

　当然ながら営業行為の一環として，自社製品の優れた点を売り込むこと自体何ら問題はない（そこから先は契約に向けた競争ルールを設定する発注者側の問題である）。しかし，発注者を欺罔し，競争性が確保された入札手段を発注者が選択する余地を狭めたことは，効率性に基づく排除とはいえないし，その結果競争他者の製品が発注対象から実質的に除外されることになるのであって，上記の意味での実質的競争制限に当るような競争減殺効果が生じている以上，私的独占規制の射程に入ることになる[461]。

第2節　廉売型：不当廉売規制から

第1款　確認事項

　一般に，公正競争阻害性にいう競争減殺効果は，実質的競争制限のそれと比べて程度の軽いもの，あるいは萌芽的段階にあるもの（まで含む）として理解されるが，その違いにはここでは拘らないこととする[462]。なお，反競争的行為の正当化は公正競争阻害性の有無の判断において考慮される[463]が，公共調達分野における廉売行為の正当化については，そもそも

460　既に触れたように，ベッド納入業者に対して談合を持ちかけたパラマウントベッド社の行為が私的独占規制違反（支配型）にも問われてもいる。

461　「パラマウントベッドによる仕様書入札の操作は，虚偽の説明や意図的な情報操作を含むものであり，東京都の仕様書入札の制度を形骸化させるものであった。その点が，正常な営業活動から区別され『他の事業者の事業活動を排除』に該当するとされた際のポイントだと言えよう。」（白石・前掲注（404）53頁）。

462　公正競争阻害性の意味について広く普及している考え方は，実質的競争制限と同様の理解すなわち競争減殺を指すもの，経済主体の意思決定の自由を侵害したことを捉えて競争基盤の侵害と呼ぶもの，そしてその他諸々の許されざる不公正手段を包括して不公正手段と呼ぶものに分けるものである（もともとこの三類型は，1982年に不公正な取引方法の違反類型を具体化する公正取引委員会の告示（いわゆる「一般指定」）がなされるタイミングで，公正取引委員会主催の「独占禁止法研究会」の報告書（1982年7月）で提示されたものである）。一番目の競争減殺型の公正競争阻害性の場合，このままだと私的独占や不当な取引制限における反競争的効果要件との差がなくなってしまうが，公正競争阻害性はその程度が軽かったり，萌芽的なものであったりする場合を指す（「一定の取引分野における競争を実質的に制限するものと認められる程度のものである必要はなく，ある程度において公正

実務の積み重ねが乏しい状態にあるので，以下では考察対象とはしないこととする[464]。

第 2 款　問題になる場面

公共調達市場における低価格入札がしばしば問題となっている。一般にダンピング受注といわれる問題だ。

独占禁止法上，低価格入札は私的独占規制と不当廉売規制の射程に入る。既に述べたように，両者とも同じタイプの反競争性を問題にしている。つまり，廉売行為により他の事業者が排除されることで市場における競争減殺が生じることである。

ただ同然の極端な低価格入札がしばしば問題になる。最近では，拉致被害者を日本にチャーター機で送り届ける輸送業務委託のケースが話題になった。「1 円入札」としばしば呼ばれるが，「表面的には利益度外視の入札」と呼んだ方が正確だろう。

このような入札行動には「評判」「名誉」といった見えない価値を追求するものもあり，その場合，そういった意味での費用対効果から合理的と判断されたものに他ならない。公共工事などで「経験を積ませたい」「技術を従業員に身に付けさせたい」といった理由で行われる極端な低価格入札も同様である。

廉売を独占禁止法が問題にするのは，競争への悪影響がある場合である。二つの場面が想起される。

　　な自由競争を妨げるものと認められる場合で足りる」（公取委審判審決昭和 28 年 3 月 28 日審決集 4 巻 119 頁（大正製薬株式会社に対する件））として両者の区分けがなされるのが一般である。なお，この三類型のうち，競争基盤の侵害といわれる類型を除き，競争減殺のタイプと不公正手段のタイプとの 2 類型で説明する見解も有力に主張されている（白石・前掲注（349）66 頁以下，165 頁以下）。
463　大阪高判平成 5 年 7 月 30 日審決集 40 巻 651 頁（東芝エレベータテクノス事件）。
464　不当廉売規制についての基本的考え方，違反行為の捉え方等については，公正取引委員会の指針である「不当廉売に関する独占禁止法上の考え方」（2009 年 12 月）（http://www.jftc.go.jp/pressrelease/09.december/09121801besshi1.pdf）を参照のこと。なお，公共調達分野を対象に不当廉売規制の考察を行ったものとして，内田耕作「中小事業者等に不当な不利益を与える不当廉売と警告による事件処理（その 2）：安値応札・受注の場合」彦根論叢 361 号 61 頁以下（2006）参照。

ひとつが，公共工事分野でよく見かけるものだが，需給バランスが崩れたことによるダンピング合戦がそれである。最低制限価格が設定されたり，（失格基準として機能する）厳格な低入札価格調査が実施されたりしない限り，供給過多の公共工事分野では採算度外視の低価格入札が横行することになる。それは従業員や機械等を遊ばせておくよりも使った方がよいという事情や，当面のつなぎ資金の融資を受けるために契約が取れたことの証明を金融機関に提示しなければならないといった事情があるからである。このような行為がもたらす競争への影響とは「破滅的競争」のそれであり，他者を排除して市場における支配的地位を獲得，維持，強化しようという独占禁止法における私的独占規制や不当廉売規制が問題視している反競争効果とは異なるものである。産業政策としてこのような競争を回避する手段を講じたり，あるいは公共調達の品質維持のために会計法令上の競争ルールを操作したり，といった対処が必要なものかもしれないが，独占禁止法の射程に入れるべきものかは疑問がある[465]。

争いのない違反のシナリオは，ある有力な事業者がある入札において廉売行為をすることで他の事業者を活動困難に追い込み，同種の，あるいは当該事業者同士が競合する他の入札において自ら（あるいは自らが意図する事業者）が有利に立つ状況を作り上げようとするような場合である。公共工事分野では見かけないシナリオである。公正取引委員会による処分例はこれまで存在しない[466]。

次のような例はどうだろう。あるシステム構築等の業務委託を受注すれば，その後のメンテナンスの業務委託において圧倒的に有利な立場に立つことができる場面がある。このような，事後の調達活動において有利な立場を形成するための低価格入札はよく見かける。

事後の業務委託が競争入札でなされる場合（最近は随意契約批判が盛ん

---

[465] 独占禁止法の適用に積極的な見解として，舟田正之「談合入札」法学教室19号90頁以下（1982）参照。

[466] 公正取引委員会は最近まで，「公共建設工事に係る低価格入札問題への取組について」と題する経過報告を公表しており，その中で上記公共工事分野における不当廉売規制の適用のあり方を確認し，違反が疑われたケースについて紹介している。2004年以降，一年間に0〜5業者に対して警告を行っている。

になり競争入札に切り替える発注者が多くなった），最初の入札において極端な低価格で入札し受注することで，後の入札では競争他者が参入できない，対抗できない状態を作り上げることができるかもしれない。しかし，それは廉売しようがしまいがその事業者が受注すればそのような結果になる性質のものである（企画競争で受注しても同じである）。システムのメンテナンスは特定の構築されたシステムが前提となっているのであって，発注された段階で既に特定の事業者に有利な市場が創出された，と理解できるものである[467]。このような行為は果たして独占禁止法の射程であろうか。そうだとしても効率性に基づく他者排除とそうでないものをどう振り分けるのか。複数市場間での影響関係も含めた検討が必要となる[468]。

第3款　公正取引委員会の指針

公共調達分野における廉売行為に対する独占禁止法上の対応についての公正取引委員会の見解は，「公共建設工事における不当廉売の考え方」[469]に示されている。以下，全文引用しよう。

　1　独占禁止法が禁止する不当廉売
　「正当な理由がないのに商品又は役務をその供給に要する費用を著しく下回る対価で継続して供給し，その他不当に商品又は役務を低い対価で供給すること」（価格要件）により，「他の事業者の事業活動を困難にさせるおそれ」（影響要件）がある場合に，独占禁止法で禁止する不当廉売に該当する（不公正な取引方法第6項）[470]。

467　このような現象は廉売に限られる訳ではない。仮に企画競争型の随意契約であったとしても同様の結果となることがある。
468　そういった事情下での不当廉売規制のあり方については，白石・前掲注（404）54頁参照。
469　公正取引委員会「公共建設工事に係る低価格入札問題への取組について（2008年7月8日）」（http://www.jftc.go.jp/pressrelease/08.july/080708.pdf）別添資料。
470　現行法では，前段が2条9項3号に，後段が一般指定6項にそれぞれ振り分けられている。

2　公共建設工事における不当廉売の考え方

公共建設工事の特性に照らし，その不当廉売の考え方を示すと，以下のとおりである。

(1) 公共建設工事における費用構成

　　　工事原価＝直接工事費＋共通仮設費＋現場管理費

　　　工事価格＝工事原価＋一般管理費等

(2) 公共建設工事の特性を踏まえた考え方

　　ア　前記１の価格要件のうち「供給に要する費用」とは，通常，総販売原価と考えられており，公共建設工事においては，「工事原価＋一般管理費」がこれに相当するものと考えられる。また，「供給に要する費用を著しく下回る対価」かどうかについては，落札価格が実行予算(注)上の「工事原価（直接工事費＋共通仮設費＋現場管理費）」を下回る価格であるかどうかがひとつの基準となる。

　　イ　前記１の影響要件については，安値応札を行っている事業者の市場における地位，安値応札の頻度，安値の程度，波及性，安値応札によって影響を受ける事業者の規模等を個別に考慮し，判断することとなる。

(注)　実行予算

落札業者は，発注者との契約締結後，契約価格（落札価格）を基に，改めてそれぞれの経費について詳細な見積りを作成する。これは，通常，実行予算と呼ばれており，実際に工事を施工するに当たっては，この実行予算に従うこととなる。

第４款　簡単な整理

公共調達分野におけるダンピング受注は，独占禁止法上の不当廉売規制の射程なのだろうか。公共工事分野で頻繁に見かける値崩れ現象は，一言でいえば出血競争（cut-throat-competition）である。通説的な意味での不

当廉売規制が念頭に置いている私的独占的シナリオでは決してない[471]。むしろ，システム調達等で見かける極端な低価格入札の事案の方が私的独占的なシナリオにおける不当廉売規制の射程となるように思われる。システム構築とその後のメンテナンスという二段階での発注になっている場合，最初の発注で廉売をし，後のメンテナンスで埋め合わせるというやり方である。廉売の対象と支配的地位を形成する対象とが異なるものであることが特徴的である。

第4章　優越的地位の濫用

　公共調達市場は官側，すなわち発注者が市場を創出するいわゆる「官製市場」であり，発注者は会計法令の中で競争のルール（入札参加資格の設定や総合評価方式の選択等）を定めることができるなど，交渉上有利な立場にあるのが通常である。しかし，場合によっては，受注（希望）者が発注者に対して優越的な地位に立つことがある。そういった場合には，独占禁止法上，優越的地位濫用規制に抵触するケースを想起することができる。

　これまでのところ，受注（希望）者が優越的地位濫用規制違反で公正取引委員会に摘発されたり，同違反を理由に損害賠償や差止めが裁判所によって認められたりしたケースは存在しないので，ここではその可能性の指摘に止める。法執行面については省略する。

　以下，2条9項5号の条文を確認しておこう。この条文の解釈，当てはめ等について，公正取引委員会は「優越的地位の濫用に関する独占禁止法上の考え方」[472]を公表しており，これが実務上の指針になっている。

　　自己の取引上の地位が相手方に優越していることを利用して，正常

471　公正取引委員会の対応が警告に止まるのはそういう事情からかもしれない。
472　公正取引委員会「優越的地位の濫用に関する独占禁止法上の考え方（2010年11月30日）」(http://www.jftc.go.jp/dk/yuuetsutekichii.pdf)。

な商慣習に照らして不当に，次のいずれかに該当する行為をすること。

　　イ　継続して取引する相手方（新たに継続して取引しようとする相手方を含む。ロにおいて同じ。）に対して，当該取引に係る商品又は役務以外の商品又は役務を購入させること。

　　ロ　継続して取引する相手方に対して，自己のために金銭，役務その他の経済上の利益を提供させること。

　　ハ　取引の相手方からの取引に係る商品の受領を拒み，取引の相手方から取引に係る商品を受領した後当該商品を当該取引の相手方に引き取らせ，取引の相手方に対して取引の対価の支払を遅らせ，若しくはその額を減じ，その他取引の相手方に不利益となるように取引の条件を設定し，若しくは変更し，又は取引を実施すること。

　公共調達改革が進み競争構造に変化が生じれば（実際生じてるのであるが），公共調達分野における優越的地位濫用規制のあり方は，今後詰めて論ずべき重要な検討対象である[473]。

　発注者側による優越的地位濫用行為については，次章で独立した項目を用意して論じることとする。

第5章　独占禁止法違反が疑われる発注者側の行為

第1節　発注者と独占禁止法

　既に述べたように，発注者は独占禁止法上の事業者として扱われてこなかった。しかし，発注者が独占禁止法上の事業者でないとする理由が「公共調達の非事業性」に見出されるものであるならば，公共調達の事業者性も一部では認めざるを得ない場面が出てくることになるだろう。仮に東京

---

[473]　白石忠志「官公庁の発注におけるロックインと独占禁止法」ファイナンス470号70頁以下（2005）参照。

都がと畜場経営のために調達活動を行っていたならばそれは事業活動ではないのか，ということになる。

　例えば公共調達が独占禁止法の射程外であったとしても，発注者による反競争的行為は会計法令上の要請に反する行為でもある。そこで，これまで触れてきた独占禁止法違反のうち，入札談合，排除行為，濫用行為のそれぞれについて，発注者による関与のあり方について概観し（想定される行為を描写し），関連する法的問題について指摘することとする。なお，法執行面についての言及は行わない。

第2節　入札談合

　入札談合の多くは官製談合といわれる。気付いているが黙認していたり，薄々感じてはいるが敢えて気付こうとしなかったりするケースを入れるならば，さらに増すだろう。少なくとも公共調達改革が進展する前までは，そういう状況であったことが予想できる。

　発注者が入札談合を黙認し，敢えて関与すらしようという理由はどこにあるのか。多くの論者は，発注者側職員の個人的事情（天下り，収賄等）を挙げたり，公金を扱うことについての規範的意識の欠如を挙げたりするが，本著では，大津判決をきっかけに，むしろ発注者全体として入札談合が決して都合の悪いものではなかった点を指摘してきた。公共調達の確実な実現という理由のほかに，契約過程におけるさまざまな便宜を期待しての，官民協力という面もある。今でも談合的構造に依存しつつ，受注者側からのさまざまな便宜を期待する発注者は少なからず存在するだろう[474]。

　とはいえ，発注者側職員が入札談合に関与したからといって，それはあくまでも個人の行為に過ぎないとの理解が大勢を占めているようだ。談合する受注者側は競争制限のメリットがあるが，発注者側にはないと一般的に考えられているからだ。結局，発注者は独占禁止法上の事業者足り得ても，違反主体としては扱われないという結論になりそうだ。しかし，競争制限のメリットが受発注者双方にあるとするならば，違反主体性の問題で切ら

れる問題ではないということになるのではないか。とはいえ，これまでの法実務は官製談合の事案であっても，発注者を違反事業者として扱ってこなかったのが実際である。

　刑事制裁においては，個人は独占禁止法違反の主体となる。そこが発注者側職員と独占禁止法の接点となる。日本道路公団橋梁談合事件で，発注者である道路公団の副総裁が，不当な取引制限罪の共謀共同正犯に問われ，有罪が確定している[475]。官製談合防止法が2006年の改正[476]によって刑事罰規定が盛り込まれたことで今後このようなケースがどう扱われるか注目される。議員立法である官製談合防止法は独占禁止法との理論面での整合性が十分に詰められないまま制定された感がある。

　仮に事業者としての発注者に独占禁止法違反を認めるならば，どのような理論的課題があるだろうか。（実務がそうなっていないという意味で）現実的な必要性がなかったが故に，理論面での展開も乏しいままである。

第3節　排除行為

　発注者が受注希望者間の競争を制限する手段は官製談合だけではない。競争停止型である入札談合に発注者側の関与があるように，他者排除型である私的独占に該当する発注者の行為はあり得る。むしろ，他者排除の方

---

[474] 公正取引委員会事務総局・前掲注（368）33頁は，入札談合等関与行為の背景・要因について（関係者へのヒアリングの結果として）次のように列挙している。

　①地元業者の安定的・継続的な受注の確保や困難な事業に適切に対応できる専門的な事業者の育成など，業界や地元業者を保護・育成するため
　②信用確実な事業者へ委託し，品質を確保するため
　③発注機関からの要請によく応えていた従前の契約業者など，特定の事業者との契約を継続するため
　④入札関連情報や指名業者選定上の配慮などを求める事業者からの働きかけに応えるため
　⑤過去の取引実績の維持等により，円滑な入札業務を確保するため（随意契約から入札への切替えによる混乱の回避を含む。）
　⑥職員の再就職先を確保するため

[475] 東京高判決平成20年7月4日　審決集55巻1057頁。
[476] 平成18年法律第110号。

が発注者としてはやりやすい立場にあるともいえる。というのは，発注者は受注希望者間の競争のルールを定める立場にあるからである。独占禁止法に引き付けていうならば官製談合は受注希望者側との共同が必要になるが，私的独占的行為は特定の受注希望者と共同しさえすれば，あるいは共同しなくとも可能である。発注者は，特定の業者のみに入札に参加する資格を与えたり，そのような業者のみが対応可能なあるいは有利な仕様を組んだり，さらには総合評価方式の非価格点の設定を操作することで同様の結果を導き出すことが可能である。これらの恣意的な行為は会計法令の要請に反するものであるが，他者排除を通じた競争減殺を官製市場にもたらしている以上，独占禁止法上強い関心が抱かれるべき問題である[477]。

　もちろん，こういった他者排除は，通常私的独占規制が念頭に置いている他者排除では確かにない。というのは，自らの市場支配的地位を獲得したり，強化したりするものではなく，発注者にとっては本来そうであっては困る受注希望者側の市場支配的地位の獲得，強化をもたらされることになるからである。しかし，独占禁止法2条5項は，「事業者」という以外の違反主体の限定をしていない。自らと競争関係にある者の排除であることは違反要件ではなく，あくまでも他者に向けられた排除であれば足りる[478]。他者が誰であるか，誰の市場支配的地位が獲得，強化されたかは，排除行為が反競争的であることを説明するうえでの説得性の問題に過ぎない。

　問われなければならないのは，会計法令の要請に応えているかの問題と同様に，そういった他者排除が，公共調達の目的を実現するうえで必要なものなのか否か，ということである。会計法令上一定の入札参加資格を組むことは当然であり，調達目的との関係で仕様は限定的なものになるし，総合評価落札方式における非価格点の設定の仕方も同様である。その結果，特定の業者のみが応札可能となったり，競争入札上有利になったりすることは避けられないものである。

477　支配型私的独占の問題も詰めて考えなければならないが，ここでは省略する。
478　前記「排除型私的独占に係る独占禁止法上の指針」（本著注（449））では，「他の事業者の事業活動の継続を困難にさせたり，新規参入者の事業開始を困難にさせたりする蓋然性の高い行為は，排除行為に該当する」（第2.1(1)）とされている。

独占禁止法に絡めていうならば，競争者間における効率性に基づく排除に対応する「目的合理性に基づく排除」なるものを概念し，そうであるならば，独占禁止法上の私的独占規制違反には問わないということになるだろう[479]。発注者による競争制限行為を正面から独占禁止法上の各要件充足性の問題として扱う作業は，公共調達改革のあり方を考える上でも重要なことだと考える。入札参加資格，仕様設定，総合評価方式のルール設計があって初めて市場が成立したと考え，その過程においては競争制限される市場は概念できないという発想もない訳ではないが，それならばパラマウントベッド事件との整合性が取れないことになる。

第4節　濫用行為

公共調達分野では，しばしば発注者から受注者への不利益の強要が問題となる。とりわけ公共工事ではそのような声をよく聞く。発注者側の問題で工期が延びたにも拘らず契約変更が認められなかったり，逆に発注者側の都合で契約変更がなされたにも拘らず契約金額が受け入れ難いほどに安く抑えられたり，あるいは設計業者のミスが原因で追加費用がかかったのにも拘らずその費用を施工業者が負担させられた，といった話は枚挙に暇がない。何故，そのような不利益を甘受しなければならないかというと，それは受発注者間に継続的な取引関係が形成され，受注者が発注者に経営上依存する構造が成り立っているからである。公共工事請負契約で割に合わない仕事をすることを意味する「請け負け」といわれる現象は，とりわけ地方の下位ランクにおいて目立っている（いわゆる「汗かき」行為等，水面下での受発注者間での慣行はランクを問わず発生しているが，民間工事の割合も大きい大手建設会社の場合「貸し借り」の性格が強い）。

このような不利益強要の関係は，独占禁止法上の事業者性が発注者に認められるなら，独占禁止法の優越的地位濫用規制の射程に入りそうである。

---

[479] 効率性に基づく排除が，そもそも独占禁止法の問題にする排除行為に該当しないということについては既に見た。

2条9項5号の条文に沿って，発注者の不利益強要行為を眺めてみよう。

上記のような場合，発注者は「自己の取引上の地位が相手方に優越している」といえるだろう。水面下での不利益強要が慣習化していたとしてもそれは「正常な商慣習」ではない[480]。

公共工事請負契約上，特定の事業者との下請契約，あるいは資材購入契約を要請する行為は，「継続して取引する相手方」に対して，「当該取引に係る商品又は役務以外の商品又は役務を購入させること」（2条9項5号イ）に当たりそうである。

同様に，追加工事を無償でさせるような行為や設計図書の書き直し等の「汗かき」行為を強要することは，「継続して取引する相手方に対して，自己のために金銭，役務その他の経済上の利益を提供させること」（2条9項5号ロ）に当たりそうである。

公共工事請負契約のみならずさまざまな公共契約における不利な契約変更，必要な契約変更の拒絶，成果物受領遅延等は，「取引の相手方からの取引に係る商品の受領を拒み，取引の相手方から取引に係る商品を受領した後当該商品を当該取引の相手方に引き取らせ，取引の相手方に対して取引の対価の支払を遅らせ，若しくはその額を減じ，その他取引の相手方に不利益となるように取引の条件を設定し，若しくは変更し，又は取引を実施すること」に当たりそうである（2条9項5号ハ）。

このように指摘したとしても，結局，発注者は事業者ではないとして議論が門前払いされるかもしれない。事業者性の問題については既に触れたのでここでは以下の二点を指摘しておきたい。

第一に，優越的地位濫用規制は，他の多くの独占禁止法上の規制と異なり取引当事者の主体性の確保に向けられたものである[481]。取引の一方当事者が事業者として扱われるのにもかかわらず，どれほど不公正な対応を発注者がしようとも問題視しないというのはバランスをあまりに欠くものではないだろうか。もちろん，会計法令の要請が独占禁止法の要請を上回

480　公共契約には「商慣習」は成り立たないという理屈はありそうではある。

り，発注者には特別の地位を与えるという発想は可能である。しかし，そういったことがらについてこれまでに詰めて検討された形跡は見受けられない。

　第二に，解決のための実定法上のヒントとして，例えば，建設業法19条の5[482]の規定を挙げることができる。ただ，対象が限定されているということと，実際に実務上機能するか，という問題はある。

第6章　隣接領域の不正行為

　公共調達に関連する不正行為には（贈収賄も含めて）さまざまあるが，本著の課題である競争政策との関連でいえば，独占禁止法に隣接する領域の不正として以下の三つを挙げることができる。

①談合罪（刑法96条の6第2項）
②公契約関係競売等妨害罪（同第1項）
③官製談合防止法違反

　これらについて本著の問題関心にかかわる限りにおいてごく簡単に触れることとしよう[483]。

481　公正競争阻害性の理解には諸説があるが，この点については大体の共通了解といえる。その他の理解についてはここでは触れない。
482　六波羅・前掲注（29）では，独占禁止法の禁止する優越的地位濫用行為を発注者が行った場合，事業者要件故に発注者独占禁止法違反に問えないとしつつも，建設業法19条の5に基づく大臣又は知事の是正勧告権の行使による改善に言及されている（同前412頁以下参照）。
　　条文は以下の通りである。

　　建設業者と請負契約を締結した発注者（私的独占の禁止及び公正取引の確保に関する法律（昭和22年法律第54号）第2条第1項に規定する事業者に該当するものを除く。）が前二条の規定に違反した場合において，特に必要があると認めるときは，当該建設業者の許可をした国土交通大臣又は都道府県知事は，当該発注者に対して必要な勧告をすることができる。

483　詳細については関連するテキスト等参照のこと。

第 1 節　談合罪

　入札談合に対しては，独占禁止法のみならず刑法上の談合罪の適用がある。刑法 96 条の 6 第 2 項は「公正な価格を害し又は不正な利益を得る目的で，談合した者も，前項と同様とする。」と定め，独占禁止法と異なり「談合」という文言を使用してこれを処罰の対象としている。法定刑は，3 年以下の懲役若しくは 250 万円以下の罰金（又は併科）である。

　公正取引委員会の行政処分は当然ながら独占禁止法違反としてのみしかなされ得ない。また，刑法典には組織体処罰（法人処罰といわれることが多い）規定はない。

　各構成要件の解釈については専門の文献[484]に委ね，ここでは次の点のみ触れておきたい。それは，1941 年に刑法典に盛り込まれた談合罪の制定過程を読み解くということは，我が国の公共調達，とりわけ公共工事の入札及び契約制度の問題点を読み解くことでもあるということである。経済史家の武田晴人が指摘しているように，談合罪は談合自体を問題にするものではなく，公共工事への貢献がないにもかかわらず談合に集（たか）る者を問題にするものであった[485]。談合それ自体が歪められた秩序なのではなく，談合によって形成された秩序を歪める行為を違反として捉えようとした，ということである。形式は競争なのにもかかわらずその実質が非競争であるという法令と実態の乖離を前提にした立法であったが故に，その後の実務も迷走することになった。その象徴的な例が何度も触れた大津判決だったのである。

　なお繰り返しになる[486]が，独占禁止法と刑法の談合罪との棲み分けに

484　各構成要件の解釈についてはここでは触れない。西田・前掲注（47）の該当箇所，大塚＝河上＝佐藤＝古田・前掲注（48）208 頁以下等参照。
485　武田・前掲注（23）39 頁以下参照。
486　第 3 部第 2 章第 4 節。

ついては，特に理論的に導かれるものではないが，「一定の取引分野」という独占禁止法上の文言に引き付けられてか，1回限りの入札談合の場合には刑法典，2回以上については独占禁止法という，適用の区分けが行われているようである。法定刑の違いを見る限りでは確かに説得力を持ちそうであるが，2回以上の入札談合であっても告発がなされなければ刑事事件にならないのであり，両者のバランスが常に取れているとは思われない。

第2節　公契約関係競売等妨害罪

刑法96条の6第1項は「偽計又は威力を用いて，公の競売又は入札で契約を締結するためのものの公正を害すべき行為をした者は，3年以下の懲役若しくは250万円以下の罰金に処し，又はこれを併科する。」と規定し，偽計や威力を用いた入札妨害を犯罪としている[487]。ここで偽計とは「他人の正当な判断を誤らせるような術策」[488]を意味し，威力とは「人の自由意思を制圧するような勢力」[489]を意味すると解されている。法定刑は談合罪と同じである。

実際の入札妨害事案で見かけるものは，偽計，それも入札情報の漏えいが圧倒的に多い。とりわけ，予定価格，設計価格，最低制限価格といった「価格」に関する情報漏えいが定番となっている。

かつては偽計であれ，威力であれ妨害行為は入札談合の補完的な行為として行われる傾向があった[490]が，現在ではむしろ激化する競争状況の下，ある事業者が自らだけが得をしようと抜け駆け的に情報漏えいを働きかけるケース（言い換えれば，発注者側職員が特定の業者のみを有利にしよう

---

[487] ここでも各構成要件の解釈については触れない。大塚＝河上＝佐藤＝古田・前掲注（48）201頁以下等参照。
[488] 同前205頁以下等参照。
[489] 最判昭和28年1月30日刑集7巻1号128頁。
[490] 大塚＝河上＝佐藤＝古田・前掲注（48）206頁には，次の威力のケース（東京高判昭和57年3月4日高検速報2561号）が紹介されている。なお，武田・前掲注（23）41頁以下も参照。

と情報漏えいを行うケース) が目立っている[491]。

なお，次に見る官製談合防止法が刑事罰規定を盛り込んでからは，発注者による情報漏えいが同法の射程となったことで，発注者側は官製談合防止法違反，情報を受け取った側は刑法犯と使い分けされることになった[492]。

第3節　官製談合防止法

官製談合防止法の正式名称は，「入札談合等関与行為の排除及び防止並びに職員による入札等の公正を害すべき行為の処罰に関する法律」[493]である。かつては「入札談合等関与行為の排除及び防止に関する法律」といったが，刑事罰規定が盛り込まれた2006年改正で今の名称になった。

官製談合防止法は大きく分けて，公正取引委員会と当該発注者との間のやりとりに関する規定，当該発注者内部における対応に関する規定，そして刑事罰に関する規定とに分かれている[494]。

公正取引委員会が事業者間の，あるいは事業者団体による入札談合と発注者側の関与を認めた場合には，公正取引委員会は関係する各省各庁の長等[495]に対し，「当該入札談合等関与行為を排除するために必要な入札及び

　　…その地区の電気工事業者間のボス的存在で，その市発注の電気工事につき，その入札前に指名業者間の談合を主宰し，入札を自己の意思のままに左右したり他の業者に不当な圧力を加えて工事の請負を断念させ，更には工事を落札した業者に言掛りをつけて金品を交付させ，意に従わない業者に対してはその業務を妨害するなどの横暴を常とし，地元業者らから畏怖されているものが，実弟の暴力団員で服役経験を有し同じように畏怖されている者と共謀して，他の指名業者に談合をもちかけ，これに応じない者に「ぶん殴るぞ，この野郎」等と脅迫を加えて談合に応ずるように要求した…。

491　最近目立っている最低制限価格 (の推測を可能にする情報) の漏えいは，そのような性格のものである。
492　発注者側による情報漏えいが官製談合防止法違反に問われた初のケースは，「紙とコンピューターとの突き合せ業務」にかかわる日本年金機構職員による (仕様等に関する) 情報漏えい事件 (2010年) である。最近でいえば，静岡県発注の受変電設備点検業務をめぐる (予定価格に関する) 情報漏えい事件 (2012年) がある。
493　「官製談合防止法」という略称は入札談合だけを扱っている印象を与えるのでややミスリーディングではある。
494　以下の記述は，公正取引委員会事務総局・前掲注 (368) 第2編を元に作成している。

契約に関する事務に係る改善措置…を講ずべきことを求めることができ」（3条1項），「入札談合等関与行為が既になくなっている場合においても，特に必要があると認めるときは，各省各庁の長等に対し，当該入札談合等関与行為が排除されたことを確保するために必要な改善措置を講ずべきことを求めることができる」（3条2項）ことになっている。ここでいう入札談合等関与行為とは以下の行為を指す（2条5項）[496]。

　一　事業者又は事業者団体に入札談合等を行わせること。
　二　契約の相手方となるべき者をあらかじめ指名することその他特定の者を契約の相手方となるべき者として希望する旨の意向をあらかじめ教示し，又は示唆すること。
　三　入札又は契約に関する情報のうち特定の事業者又は事業者団体が知ることによりこれらの者が入札談合等を行うことが容易となる情報であって秘密として管理されているものを，特定の者に対して教示し，又は示唆すること。
　四　特定の入札談合等に関し，事業者，事業者団体その他の者の明示若しくは黙示の依頼を受け，又はこれらの者に自ら働きかけ，かつ，当該入札談合等を容易にする目的で，職務に反し，入札に参加する

---

[495] 官製談合防止法2条1項は「この法律において『各省各庁の長』とは，財政法（昭和22年法律第34号）第20条第2項に規定する各省各庁の長をいう。」と定め，財政法20条2項は「衆議院議長，参議院議長，最高裁判所長官，会計検査院院長，内閣総理大臣，各省大臣，地方公共団体の長及び特定法人の代表者」を挙げている。

[496] なお，「入札談合」概念については以下の定義が置かれている（2条4項）。官製談合防止法に基づく公正取引委員会による各省各庁等への改善要求は独占禁止法違反の成立が前提になっており，だからこそ公正取引委員会の関与がなされ得るという構成になっているのである。

　この法律において「入札談合等」とは，国，地方公共団体又は特定法人（以下「国等」という。）が入札，競り売りその他競争により相手方を選定する方法（以下「入札等」という。）により行う売買，貸借，請負その他の契約の締結に関し，当該入札に参加しようとする事業者が他の事業者と共同して落札すべき者若しくは落札すべき価格を決定し，又は事業者団体が当該入札に参加しようとする事業者に当該行為を行わせること等により，私的独占の禁止及び公正取引の確保に関する法律（昭和22年法律第54号）第3条又は第8条第1号の規定に違反する行為をいう。

者として特定の者を指名し，又はその他の方法により，入札談合等
を幇（ほう）助すること。

　この要求を受けた各省各庁の長等は，「必要な調査を行い，当該入札談
合等関与行為があり，又は当該入札談合等関与行為があったことが明らか
となったときは，当該調査の結果に基づいて，当該入札談合等関与行為を
排除し，又は当該入札談合等関与行為が排除されたことを確保するために
必要と認める改善措置を講じなければならない」（3条4項）[497]。
　発注者内部における対応については，(1)損害賠償に関する規定と，(2)懲
戒処分に関する規定とに分かれている。このうち(1)についてのみ触れる。
　4条は，発注者が，入札談合等関与行為を行った職員に対し，賠償責任
の有無等を調査の上，故意・重過失がある場合には，速やかに損害の賠償
を求めなければならない旨定めている（1号～5号参照）。その法的根拠
（賠償請求権の発生根拠）は，予算執行職員等の責任に関する法律（予責
法）[498]，地方自治法及び民法[499]である（6号，7号参照）[500]。
　8条は刑事罰についての定めが置かれている。条文は次のとおりである。

　　職員が，その所属する国等が入札等により行う売買，貸借，請負そ
　の他の契約の締結に関し，その職務に反し，事業者その他の者に談合
　を唆すこと，事業者その他の者に予定価格その他の入札等に関する秘
　密を教示すること又はその他の方法により，当該入札等の公正を害す
　べき行為を行ったときは，5年以下の懲役又は250万円以下の罰金に
　処する。

497　具体的な改善措置について本著注（368）のテキストは次の例を挙げている。

　①組織内部における内部規則の見直し・職員への周知徹底
　②入札・契約に関する第三者による監視機関の設置
　③入札に関する情報管理の徹底
　④コンプライアンス担当部署の設置等
498　昭和25年法律第172号。
499　明治29年法律第89号。

ここで注意しなければならないのは，同条における犯罪行為は 2 条 4 項を前提にした 2 条 5 項の入札談合等関与行為に限定されていないということである[501]。公正取引委員会作成の前記テキストに拠れば，「本規定は，官製談合の防止・排除の徹底を図るため，入札等の公正を害すべき行為を行った職員の職務違背性・非違性に着目して，これを刑罰で処罰するもの」であって，「問題となる職員に，当該入札等に関する職務権限があり，かつ，その職務に違背していることが必要となり」，また，本規定は「独占禁止法違反行為の存在を前提としたものでは」ないので，「公正取引委員会の行う入札談合等に関する調査が契機となる場合に限定されず，捜査当局が

---

[500] 手続の流れについては公正取引委員会事務総局・前掲注（368）39 頁参照。
　　なお，同前 41 頁は，この発注者による関与職員に対する損害賠償請求について次のようなコメントを述べている。いずれも実務的には重要な点ばかりである。

　予責法等の現行法令に基づく損害賠償請求等は，発注機関に生じた損害を回復するために行われるものであり，その損害額の算定は，基本的には当該入札談合による契約価格の上昇分（発注機関に生じた損害額全体）に当該職員の責任割合を乗じることにより求められるものと考えられる。しかし，当該入札談合による契約価格の上昇分，当該職員の責任割合いずれも個別の事案に即して判断せざるを得ないものである。

　ただし，入札談合による契約価格の上昇分については，民事訴訟法第 248 条に基づき，裁判所の職権により相当な損害額を認定することが可能となったことを受けて，判例の蓄積が進んでおり，発注機関は，仮に予責法等に基づく損害賠償請求等を行うこととなった場合には，これらを参考にしつつ算定することが可能。また，発注機関が入札談合等関与行為防止法第 4 条に基づく損害の調査を行う場合には，同条第 3 項により公正取引委員会に対し必要な協力を求めることができるため，損害額の算定等損害の認定については，同項を適宜活用するとともに，公正取引委員会も協力要請があった場合には，最大限協力する。

　なお，発注機関が損害賠償請求等を行う場合には，通常は業者及び職員に連帯して請求するものと考えられ，この場合職員の責任割合は当事者間の問題となる。また，入札談合等関与行為防止法第 4 条第 5 項の規定は，発注機関が談合を行った事業者のみに対して民法等に基づく損害賠償請求等を行うことを妨げるものではない。発注機関が損害の回復の観点から談合を行った事業者に対する請求を優先すべきと判断した場合には，職員に対する損害賠償請求等を行わなくとも，本条の義務違反に問われるものではないと解される。

[501] 「「入札談合等関与行為」は，①談合の明示的な指示，②受注者に関する意向の表明，③発注に係る秘密情報の漏えい及び④特定の談合の幇助の 4 類型が定められてい（る）が，職員による入札等の妨害の罪は，職員が，職務に反し，談合を唆すこと等により，入札等の公正を害すべき行為を行うことが処罰の対象となっており，行為の態様が上記の 4 類型に限定されているわけでは」ない。同前 46 頁。

独自に探知して捜査が開始される場合もあ」る[502]。

これまでに同法の刑事罰規定の適用があったケースは、いずれも略式命令による100万円以下の罰金刑に止まっている[503]。

補　章　住民訴訟と入札談合

入札談合の事実がありながら発注者が損害賠償請求をせず、あるいは違約金請求をしない場合[504]は、地方自治体であれば住民による地方自治法上の監査請求が認められている（地方自治法242条）。監査請求に対する監査委員会の回答が「入札談合の事実なし」となった場合には、住民は裁判所に対して住民訴訟を提起することができる（地方自治法242条の2）。かつては住民が地方自治体の有している請求権を「代位して」行使する、住民代位訴訟の制度が存在していたが、今ではいわゆる「義務付け」訴訟となっている。違約金特約を設けている公共契約において、公正取引委員会の処分、審決が確定している場合や刑法上の談合罪で有罪が確定してい

502　同前。もともと官製談合防止法における刑事罰規定導入は、刑法96条の6（旧96条の3）第2項の談合罪の身分犯加重的趣旨が込められていた（だからこそ法定刑が官製談合防止法の方が重い）。とするならば、第2項だけを対象とするのはバランスを欠き、結局、同第1項の偽計・威力に基づく公契約関係競売等妨害罪対象行為も含む形のものとなった。
　　　ただ、官製談合についていえば、発注者側職員については独占禁止法違反の共犯として構成することも可能であり（東京高判決平成20年7月4日（平成17年(の)第3号）(いわゆる「橋梁談合事件」)）、官製談合防止法がなければ発注者側職員を処罰することができない訳ではない。刑事処罰における官製談合防止法の存在意義は、実体的には、入札談合への関与行為とともに禁止される発注者側職員による入札妨害に対する罪（入札談合関与行為と同じ法定刑）が刑法上の公契約関係競売等妨害罪よりも加重されていること、手続的には独占禁止法上の手続を踏まなくとも違反行為者の処罰が可能であること、の二点ということになる。
503　本著注（368）48頁の一覧表参照。2010年の大津市職員による予定価格漏えい事件までが掲載されている。
504　違約金特約を結んでいない場合、損害額の算定が非常に面倒なこととなる。ただ、民事訴訟法248条に「損害が生じたことが認められる場合において、損害の性質上その額を立証することが極めて困難であるときは、裁判所は、口頭弁論の全趣旨及び証拠調べの結果に基づき、相当な損害額を認定することができる。」と定められてはいる。現在、一般的に違約金特約が定められていてその通りの請求がなされることとなるので問題が顕在化することはない。損害額算定の手法については、やや古いが、谷原・前掲注（21）30頁以下参照。

る場合に発注者が（公正取引委員会や裁判所で入札談合が認定された範囲において）違約金請求を行わないというケースは考え難いので，ここでは，それ以外の場面における住民訴訟のケースを扱うことにしよう。

住民訴訟の場合，原告である住民が，公正取引委員会が違反行為立証の主たるターゲットとする基本合意を立証することは困難である。民事救済においては被害に直接かかわる個別調整がより重視されることになる[505]。しかし，その立証も同様に難しい。通常，住民側が最大の武器とするものは「落札率の高さ」や「落札者のローテーション」といった入札結果の分析である。特に100％近い落札率が続く場合，入札談合の疑いが強いと感じるのは当然のことであろうし，実際にその落札率の高さが根拠となりいくつもの住民訴訟が提起されてきた[506]。

総じていうならば，公正取引委員会や裁判所の入札談合の認定を前提とせずに，内部告発や落札状況等に関する原告である住民側が独自に入手した資料のみで原告が勝訴するのは困難なようだ[507]。ただ，公正取引委員会や裁判所の談合認定が何らかの形で存在すれば，周辺の疑わしい競争入札における談合認定へとつながり，結果，住民訴訟で原告勝訴となるケースは散見される[508]。

一点，原告側がしばしば談合の存在を根拠付ける要素としての落札率の高さについて言及しておこう。予定価格の意味と意義，そして実際に設定される予定価格の妥当性を検討することなしに，落札率を引き合いに出すべきではないかもしれないが，次の点を指摘することは恐らく可能であろう。

---

[505] 和泉澤衞「独占禁止法違反行為と損害賠償請求訴訟：近年の入札談合事例を概観して」現代法学第16号3頁以下（2008）（http://www.tku.ac.jp/kiyou/contents/law/16/16_izumisawa.pdf）

[506] 全国市民オンブズマン連絡会議のウェブサイトにこれまでの住民訴訟の実績が紹介されている（http://www.ombudsman.jp/dangou/）。

[507] 例外的な原告勝訴のケースとして，旧小淵沢町のケースがある。甲府地判平成20年11月11日（平成18年（行ウ）第1号），東京高判平成23年3月23日（平成20年（行コ）第410号），平成24年1月24日最高裁上告棄却決定。

[508] 例えば，本著注（445）の事件参照。これは問題とされた競争入札において，刑事事件において談合が認定された競争入札と同様に，調整ルールとして3社〜5社でのくじ引き受注が認められる特徴的なケースであった。

落札率の高低だけで入札談合の有無を語ることは暴論に近い。しばしば落札率90％以上は入札談合の疑いがあるという主張があるが，落札率90％という事実は，競争の結果なのか競争制限の結果なのかはそれだけでは判別できない。それまでの入札結果が落札率85％程度だったものがある入札において95％になったとしても同様である。落札率90％を入札談合と結び付けるならば，その他の80％台という事実が説明できない。もっといえば，落札率90％未満で入札談合をしている可能性を何故疑わないのだろうか。落札率の高さと入札談合とを結び付けるのは，入札談合をする以上は落札価格をできるだけ高くしたいと考えるのが通常であるという（それ自体はごく自然な）発想に過ぎない。そもそもの予定価格が結果的に得られる競争価格に近似していたような場合は，1者のみが99％，他者が100％超という結果になることも十分予想される。しかし，1者が99％という事実だけで何故に入札談合があると言い切れるのだろうか。100％近い落札率をきっかけに入札談合の存在を「疑ってかかる」ことと，高い落札率を理由に入札談合の存在を「証明する」こととの間には相当の距離がある。住民訴訟で，公正取引委員会による行政処分が前提になっていたり，刑法上の談合罪等で既に有罪が確定していたりするケース以外では原告がなかなか勝てないのは，表面上のデータだけでは十分な立証にならない場合が多い（言い換えれば，競争的な入札の結果としても十分説明できる場合が多い）という裁判所の基本認識をよく示しているといえよう[509]。住民側にとってのハードルは高い[510]。

---

[509] 公正取引委員会の処分例（審決例）を眺めていると，お決まりのように違反が認定された入札における落札率が示されており，軒並み90％超の結果が出ている。こういった付加的なデータが独り歩きしているのかもしれない。

510 米国司法省（Department of Justice）作成の『反トラストの手引き（An Antitrust Primer）』（"Price Fixng, Bid Rigging, and Market Allocation Schemes: What They Are and What to Loof for(An Antitrust Primer)," available at http://www.justice.gov/atr/public/guidelines/211578.pdf. これはあくまでも司法省の内部的な指針（internal Department of Justice guidance）に過ぎないとされている（*Id.*, at 5 (n.1)））に拠れば，以下のような事実が確認された場合には，入札談合の存在が疑われるとされている（*Id.*, at 3-5）。参考のために列挙しておこう（適宜記述の順序を再構成し，表現を一部改めている）。いずれにしても，捜査，調査権限もなく組織的な活動も難しい住民側が，自ら関連する証拠を収集し事実を証す作業は容易ではない。

(1)入札談合が疑われる応札（Bids）
(a)常に同じ企業が特定の調達で落札していること。1以上の企業が継続的に落札できない応札を行っている場合はより疑わしい。
(b)同じ供給者が応札し，各々落札の順番が回ってくること。
(c)公表された価格リスト，同じ企業が前に付けた価格，発注者側の費用見積もり(engineering cost estimates)よりも高い，いくつかの応札があること。
(f)通常の競争者数よりも少ない応札者数。
(e)コスト上の明確な差異がないのに，ある企業のある応札が他の応札に比較して十分に高いこと。
(f)新規のあるいはたまに参加する応札者が現れた場合にはいつでも応札価格が低下すること。
(g)同じ事業内で，落札者が非落札者に対して下請業者に出す場合。
(h)ある企業が落札案件を辞退して，その後新たに契約をとった企業の下請に入るとき。

(2)入札談合が疑われる言動あるいは行動
(a)異なる供給者が提出した提案書や応札書類に異常（そっくりな計算や綴りの誤り）が発見されるとき，同種の手書き，タイプフェース，あるいはステーショナリーが見つかるとき。チャンピオン業者が他の非落札業者の一部あるいは全部の応札（手続）を準備している可能性があります。
(b)応札書類に直前での価格変更を示唆する「消し跡」等の痕跡があるとき。
(c)ある企業が応札書類一式（a bid package）を自社及び他社のために要求し，あるいは他社の応札書類を自社と併せて提出するとき。
(d)ある企業が契約を満足に履行できない場合でも応札するとき。
(e)ある企業が開札に際して複数の応札（価格）を用意し，他に誰が応札するかが決まった上で選択するとき。
(f)応札者に以下のような言動が認められるとき：
1）産業全体のあるいは事業者団体の価格スケジュールへの言及，
2）競争者の価格付けを事前に知り得るとする供述，
3）特定の顧客あるいは契約がある供給者のものとなっているという結果の供述，
4）応札が「儀式的（courtesy）」「補完的（complementary）」「アリバイ的（token）」「次順位（cover）」な（の）ものであるとの供述，
5）供給者同士で価格を話し合い，あるいは価格についての了解に至ったという供述。

(3) 共謀が成り立ちやすい条件
  (a) 供給者が少ない場合。大きな企業がいくつかあっても，主要な供給者が小さな集団を形成し，残りは市場の僅かな部分しか影響力を持たない「周辺的（fringe）」な供給者である場合。
  (b) 製品に代替性がない場合，仕様が限定的である場合。
  (c) 製品が標準化されている場合。設計，形状，質，サービス等での競争がある場合，共謀しにくい。
  (d) 調達が繰り返されるとき供給者は相互に親密になり，将来の契約において競争者間で受注をシェアする機会が提供される。
  (e) 社会的なつながり，取引団体，（それ自体は）正当な事業上のかかわり，人事交流で，企業間相互で認知し合っている場合，共謀が生じやすい。
  (f) 複数の応札者が同じ建物や同じ町に存在する場合，直前までコミュニケーションの機会がある。

 なお，公正取引委員会内部に設置されている競争政策研究センター（CPRC）の研究班によって，入札談合の立証に際してのデータの扱い方，事実の積み上げ型等について調査，研究が行われている。例えば，「カルテル・入札談合における審査の対象・要件事実・状況証拠」（2007 年 7 月）（http://www.jftc.go.jp/cprc/reports/cr-0107.pdf）参照。

あとがき

　1947 年に制定された我が国の独占禁止法には長い「冬の時代」の経験がある。カルテル適用除外立法が相次いでなされ，立法上の根拠がなくとも監督官庁による競争制限的な行政指導の下，反競争的行為が罷り通ってきた。

　入札談合は，密かに誰も知り得ないところでなされてきたのではなく，半ば公然となされてきた歴史がある。「談合天国」といわれながらも，そして独占禁止法というルールがありながらも，何故に，入札談合は放置されてきたのだろうか。入札談合に対する現在における独占禁止法の厳格な態度を見れば見るほど，過去における正反対に近い対応とのギャップが不思議に思える。

　独占禁止法研究者は，この事実に対して正面からの説明を回避してきた。現在の独占禁止法の実務には然したる意味がなく，ただ過去の対応は誤りであったとさえいえばよいのかもしれないが，著者はこの事実に正面から向き合うことが公共調達分野における競争政策のあり方を考えるうえで重要な出発点となると考えた。

　本著の問題意識や視角で書かれた著作は，これまでのところ皆無といってよいが，いくつかの関連する先行業績やテキストに恵まれた。武田晴人教授の『談合の経済学—日本的調整システムの歴史と論理』（2004 年・集英社刊）は，我が国経済史における入札談合の本質を鮮やかに描写するものであった。郷原信郎教授の『独占禁止法の日本的構造：制裁・措置の座標軸的分析』（2004 年・清文社刊）や『「法令遵守」が日本を滅ぼす』（2007 年・新潮社刊）は公共調達における法令と実態の乖離を指摘し，「談合排除」の掛け声の前に思考停止する改革を批判した。両者とも入札談合が「必要悪」といわれた歴史的事実に正面から向き合ったという点において本著の大きな支えになった。公共工事における契約制度と実態の考察については，工学系の気鋭の研究者である渡邊法美教授から大いに示唆を受けた。独占禁止法の側では白石忠志教授の先行業績が助けになった。付帯的政策の部

分については，藤谷武史准教授の業績がなければ著者は手も足も出なかったかもしれない。また，いくつかの定評のあるテキストを頼りにすることができたのも幸いだった。

　著者が国や地方自治体の公共調達関連の各種委員会委員（長）を務めてきたことも，本著執筆の大きなきっかけとなったし，そこでの経験は強い支えになった。公共工事土木請負契約の封建的性格を鋭く指摘した川島武宜，渡邊洋三両教授の『土建請負契約論』（1950年・日本評論社刊）以降，公共調達の契約過程の実態と受発注者間の関係を正面から踏まえた法学分野の著書がほとんど存在しない状況下で，悩みつつもこのような形に結び付けることができたのは，フロンティアで活躍されている多くの実務家の方々との接点を持つことができたからに他ならない。

　我が国は建前と本音を使い分け過ぎたのか，表向き（法令上）競争原理の徹底を標榜しつつ，執行段階で骨抜きにするというやり方が諸外国からの不信を買うことになってしまった。約束したルールを守れない国という評価は，国際社会では致命傷となる。2005年の独占禁止法改正は，このような日本の置かれていた歪んだ状況を思い知ることとなった。しかし，改革がそのような歪んだ状況を省みずになされてしまったことで，それまでの歪みが違う形の歪みへと変容してしまったのではないだろうか。本著は，こうした状況を踏まえつつ，公共調達分野における「法令と実態の乖離」を「適正に矯正」するビジョンを描くことを課題とした。「改革派」的公共調達改革はこれまで会計法令の競争性確保の形式をそのまま実態にしようという試みであったといえるが，非競争的な構造で安定してきた調達の仕組みを競争的なそれに変えようというのであれば，非競争的な構造を前提に整えられてきた関連制度，あるいは執り行われてきた運用を見直す必要が生じることとなる。独占禁止法の側でも典型的な違反である入札談合に対する不当な取引制限規制の各違反要件の詰めていく作業を急ぐとともに，私的独占規制，不当廉売規制違反が問われる他者排除行為，あるいは優越的地位濫用規制違反についても，公共調達の競争環境の変化の下，今後積極化されるかもしれない独占禁止法適用を意識した準備作業を行

なっておくことが必要であろう。

　本著の『公共調達と競争政策の法的構造』という題名にはそういったアジェンダが込められている。本著がこれらアジェンダをどれだけ達成できたかは，読者の判断に委ねたいと思う。今後多くの批判を頂くことで，より完成度の高い著作を目指していきたい。

　本著は公共調達法制のすべてをカバーするものでは決してない。例えば，「民活」あるいは「公民協働」といわれる最近の動きは独立した章や節として扱っていない。PFI（法）や市場化テスト（法）についての著者なりの批判的視点を持っており，その一部は公刊された新聞インタビュー，コラム等で明らかにされてはいるが，詰めた分析，検討は自身の勉強不足から将来の課題とせざるを得なかった。そういう意味では，本著はこのテーマにおける「第一弾」であり，出発点であると位置付けている。なお，本著の刊行に先立ち，『公正取引』誌の2012年3月号，4月号に「公共調達と競争政策（上）（下）」と題した論考を掲載した。本著のサマリー版的な位置付けのものであり，併せて読んで頂ければ幸いである。

　本著を作成するに当たり，太田宏史弁護士には内容面，表記面について多くのアドバイスを頂いた。現場で活躍されている受発注者の方々からも多くの示唆を受けた。もちろん，あり得る誤りの責任は著者にある。

　最後に，法学領域研究者としては未だ「若手」の域を超えない著者に，このような出版の機会を与えてくださった上智大学出版会，株式会社ぎょうせいの皆様に御礼を申し上げる。

　※本著は，JSPS科研費21730034，23530038の支援を受けて執筆されたものである。

〈著者紹介〉

楠　茂樹（くすのき・しげき）

経　歴：

1971 年生。上智大学准教授。京都大学博士（法学）。専門は独占禁止法，官公需法制，企業の社会的責任論等。

これまでに，国土交通大学校講師，山形県公共調達評議委員会委員，国土交通省「直轄事業における公共事業の品質確保の促進に関する懇談会」委員，千葉市入札制度検証委員会副委員長，総務省参与，駐留軍等労働者労務管理機構契約監視委員会委員長，東京都入札監視委員会委員，東京都消費者生活対策審議会（第 20～22 次）委員，総務省予算執行監視チーム構成員，京都府参与，奈良市入札制度等改革検討委員会委員長，京都府入札制度等評価検討委員会委員長等を歴任。

主要業績：

『ハイエク主義の「企業の社会的責任」論』勁草書房（2010）；「メディアの自己規律について：放送法改正法と BPO」上智大学法学会編『上智大学法学部 50 周年記念論文集』有斐閣（2008）；*Japan's Government Procurement Regimes for Public Works: A Comparative Introduction*, 32 BROOKLYN J. INTL. L. 533 (2007)；「入札談合に対する処罰による解決とそれ以外の解決」産大法学 40 巻 1 号 1 頁以下（2006）；*Shaping an Anti-Monopoly Law Sanction Regime against Cartels or Bid Collusion: A Perspective of Japan's Choice*, 79 U. DET. MERCY L. REV. 399 (2002)；「独禁法における『競争』の理解及び「競争」とルールの関係についての検討（一）（二・完）：ハイエク競争論及びルール論の視点から」法学論叢 147 巻 3 号 71 頁以下，149 巻 2 号 59 頁以下（2000～2001）ほか。

索　引

A-Z

CSR　132, 139
GPA　43, 57
ILO94号条約　5, 148
JV　45, 48
OECD　1
WTO　43, 45, 57, 82, 123, 127, 134, 141, 142

あ　行

汗かき　61, 214, 215
天下り　15, 37, 38, 211
安心システム　29
意思の連絡　5, 176, 177, 192
一般競争　1, 3, 4, 7～9, 15, 16, 26, 28, 30, 31, 40, 43～51, 55, 59, 60, 71～77, 79～82, 85, 87, 92～97, 100, 102, 107, 108, 110, 111, 124, 131, 135, 136, 138, 159, 177, 185, 193
一般競争入札　1, 3, 4, 7～9, 15, 16, 26, 28, 30, 31, 40, 43～51, 55, 59, 60, 71～73, 75～77, 79～82, 85, 87, 92, 93, 95, 96, 102, 107, 108, 110, 111, 124, 131, 135, 138, 159, 177, 185, 193
一方的協力　5, 180
一定の取引分野　158, 160, 173～175, 180～182, 194, 199, 200, 204, 218
違約金　60, 104, 197, 223, 224
請け負い　33, 214
大津判決　1, 10, 17, 18, 25～27, 38, 59, 157, 159, 165, 184, 211, 217
応札可能業者数　141

か　行

改革派　1, 2, 4, 8, 10, 28, 44, 46～48, 52, 159, 229
会計法　1, 3～5, 8, 10, 11, 15, 16, 25, 27, 28, 31, 32, 38, 52, 55, 58, 60, 66～71, 74, 76, 79～84, 86, 87, 91～94, 97, 98, 104～106, 108, 109, 111, 113, 114, 118, 120, 123～127, 131, 133～136, 138～140, 152, 157～159, 161, 163～166, 168, 170～172, 206, 209, 211, 213, 216, 229
解消　6, 29, 34, 43, 60, 82, 85, 114, 117, 138～139, 147, 150, 159, 178, 186～188, 191～193
官製談合　6, 7, 11, 15, 27, 38, 40, 47, 61, 168, 174, 176～178, 211～213, 216, 219, 220, 222, 223
官製談合防止法　6, 7, 11, 40, 168, 178, 212, 216, 219, 220, 223
官製市場　3, 10, 11, 38, 68, 82, 89, 106, 157, 168, 209, 213
官公需法　36, 102, 103, 137, 139, 140, 141, 196, 231
貸し借り　2, 20, 21, 25, 31, 33, 34, 35, 38, 57, 61, 65, 85, 103, 105～107, 135, 214
囲い込み　31, 61, 65, 85
課徴金　2, 6, 17, 41, 43, 53～56, 97, 99,

143, 167, 178〜180, 186〜193, 195, 199〜202
課徴金減免　53, 54, 99, 187, 191, 193, 195
官民協働　84
カルテル　26, 39, 41, 53, 54, 58, 158, 165, 178, 179, 183, 187, 191, 192, 194, 227, 228
企画競争　73, 76, 124, 157, 207
企業の社会的責任　26, 132
基本合意　5, 179, 181, 185, 188〜190, 192, 193, 224
客観点数　95, 102
競争政策　1〜5, 10, 49, 74, 83, 92, 105, 123, 124, 128, 130〜132, 134, 137, 142〜145, 150, 157, 161, 163, 216, 227〜230
共同企業体　48, 50, 129, 130, 170
競争的随意契約　27, 71
競争減殺　143, 157, 170, 171, 180, 182〜184, 190, 199, 203〜205, 213, 216
京都府　121, 152, 153, 231
共同性　176〜178
契約における競争法　2
契約変更　33, 214, 215
経営事項審査　35, 44, 48, 77, 89, 95, 100〜102, 137
経済性の原則　91, 124〜126, 152
経済協力開発機構　1
刑事制裁　6, 194, 212
刑事告発　1, 4, 39, 43, 194, 195
決別宣言　16, 17, 54, 55, 58, 59
建設省　42, 74, 128
建設業法　45, 100, 102, 160, 216
公共工事　1, 4, 6, 8, 10, 11, 16〜18, 22, 28, 29, 30, 32〜35, 39, 40, 42〜49, 52〜56, 58, 60, 66, 70, 72〜74, 76, 77, 82〜85, 88〜90, 94, 98〜100, 103, 107, 108, 111, 114〜116, 121, 122, 127, 129, 130, 138, 140, 144, 151, 152, 159, 165, 182, 196, 199, 205, 206, 208, 214, 215, 217, 228, 229
公共工事入札契約適正化法　40, 45, 60, 82, 121
公共工事品確法　8, 49, 52〜56, 82, 84, 88, 152
公共サービス　2, 6, 8, 9, 36, 40, 56, 57, 69, 83, 92, 123, 126, 137, 203
公共事業　1, 34, 36, 37, 44, 47, 140, 152, 196, 231
公共調達　1〜5, 7〜11, 15〜17, 21, 26〜29, 31, 34〜40, 42〜44, 46, 48〜52, 54, 55, 57〜61, 65〜75, 79, 82〜86, 89, 92, 93, 98, 101〜107, 117, 121〜128, 130〜134, 137〜140, 142, 146〜148, 150, 152, 157〜161, 163〜168, 170, 173, 174, 177, 184, 185, 187, 198〜201, 203〜211, 213, 214, 216, 217, 228〜231
公共調達と競争政策に関する研究会　2, 3, 49, 74, 83, 105, 128
公共入札ガイドライン　5, 43, 45, 160, 169
公共の利益　6, 59, 158, 165, 173, 183, 184, 199, 202
公契約関係競売等妨害罪　5, 6, 7, 11, 94, 216, 218, 223
工事完成保証人制度　44, 103
工事成績　46, 72, 85, 86, 88, 102, 117
交渉　25, 34, 38, 56, 58, 73〜75, 77, 78, 81, 83, 89, 104, 108, 209
公正取引委員会　1, 3, 6, 11, 39, 42, 43, 45, 49, 52, 53, 56, 60, 74, 99, 118, 122, 128, 130, 131, 137, 140〜145, 158〜160, 167, 169, 175, 178〜180, 185〜188, 191, 193〜195, 197〜200,

202～207, 209, 212, 217, 219, 220, 222～225, 227
個別調整　5, 179～181, 188～190, 192, 224
効率性に基づく排除　6, 201, 202, 204, 214
コンプライアンス　17, 98, 99, 114, 121, 221

さ　行

最低制限価格　4, 6, 11, 32, 51, 56, 106, 109～122, 159, 197, 206, 218, 219
最低価格自動落札方式　3, 11, 22, 31, 46, 52, 54, 56, 60, 65, 68, 72～74, 76, 82, 84, 85, 89, 105, 109, 111, 113, 118, 128, 135
債務負担行為　50
参加意思確認型随意契約　79
事後公表　113～115, 118～121
事業者　5, 7, 26, 29, 42, 43, 51～53, 59, 67, 70, 79, 99, 100, 127, 129, 130, 131, 142～145, 147, 151, 157, 158, 160, 166～178, 180, 181, 185～201, 203～208, 210～216, 218～222, 226
事業者団体　42, 43, 143, 157, 160, 167, 169, 170, 219, 220, 226
事前公表　45, 113～119, 121
下請　2, 35, 45～46, 48, 98, 100, 102, 130, 132, 141～143, 149, 160, 215, 226
失格基準　46, 110, 113, 206
実質的競争制限　6, 158, 160, 165, 171, 181～183, 200～202, 204
私的独占　4, 6, 55, 56, 66, 157, 169, 170, 182, 194, 198～206, 209, 212～214, 216, 220, 229
支配型私的独占　199, 200, 213
指名競争　4, 5, 7～9, 15, 16, 18, 19, 22,

26, 28～31, 33, 37, 38, 40, 42, 44, 46, 47, 48, 50, 59, 60, 65, 71～77, 79～85, 89, 93, 96, 97, 105～107, 124, 126, 135, 136, 137, 139, 140, 141, 170, 177, 184, 185, 193
指名競争入札　4, 5, 7～9, 15, 16, 18, 19, 22, 26, 28～31, 33, 37, 40, 42, 44, 46～48, 50, 59, 60, 65, 71～77, 79～85, 89, 93, 96, 97, 105～107, 126, 135, 137, 139, 140, 141, 170, 184, 185, 193
指名停止　42, 45, 60, 96, 97, 99, 152
地元対策　35, 104
社会基盤整備　30, 84, 104, 115, 126, 134, 137
住民監査請求　71
住民訴訟　7, 11, 71, 152, 197, 198, 223～225
収賄　38, 39, 45, 46, 61, 211, 216
主観点数　95, 102, 103
受注者　1, 2, 6, 26, 32, 34, 36～39, 46, 50, 53, 57, 60, 66, 69, 70, 79, 90, 93, 98, 104, 106, 114, 126, 134, 139, 141, 143, 144, 148～150, 158, 169, 172, 184, 190, 197, 198, 211, 214, 222
出血競争　70, 208
条件付一般競争入札　72, 95
情報公開　40, 45, 60, 114
随意契約　3, 7～9, 11, 22, 27, 28, 40, 50, 56, 59, 60, 71, 73～83, 92, 105, 124, 126, 128, 135, 136, 139, 140, 157, 172, 206, 207, 212
政府調達協定　43, 45, 82, 127, 142
正当化　5, 6, 8, 10, 26, 59, 78, 80, 97, 101, 103, 131, 136, 137, 138, 146, 147, 150, 152, 158, 164, 165, 183, 184, 202, 204
世界貿易機関　43
石油カルテル事件　26
ゼネコン汚職　1, 4, 7, 9, 17, 39, 40, 43,

44, 47, 54, 159
設計価格　118, 121, 218
設計・施工一括　73
設計変更　33
絶対悪　59, 159
競り下げ　3, 91, 92
全国知事会　4, 48
総合評価方式　3, 11, 16, 31, 37, 44, 51～53, 55～56, 60～61, 65, 68, 73～74, 76, 82～91, 107, 110, 112～113, 124, 131～132, 140, 150, 209, 213～214
贈賄　5, 45
贈収賄　38, 39, 45, 61, 216
相互拘束　174, 178, 180, 181
組織体処罰　217
損害賠償　11, 30, 48, 98, 136, 197, 198, 209, 221～224

　　　　　　　た　行

ダンピング　5, 6, 51, 66, 70, 113, 114, 117～119, 121, 122, 140, 159, 160, 205, 206, 208
談合　1～2, 4～7, 9～11, 15～19, 21, 23～27, 29, 31, 33, 37～42, 45, 47～50, 52～61, 65～66, 75, 85, 94, 96～99, 114～118, 121～122, 128～129, 134, 140, 143～144, 157～161, 167～170, 173～182, 184, 186～189, 191～198, 200, 204, 206, 211～213, 216～229, 231
談合からの離脱　188, 189, 191
談合罪　5, 7, 10, 11, 17, 18, 23～27, 59, 94, 181, 184, 195, 216～218, 223, 225
談合天国　5, 37, 57, 228
談合の解消　188, 192
地域要件　4, 29, 50, 61, 71, 72, 77, 85, 90, 95, 96, 102～104, 126, 128～131, 134, 138, 139
地方自治法　3, 28, 66, 71, 82～84, 87, 88, 93～97, 102, 106, 108, 110～114, 122, 125, 134, 138, 151～153, 221, 223
地方自治法施行令　87, 88, 93～97, 102, 106, 108, 110～113, 122, 138
中央建設業審議会　32, 73
中建審　32, 42～44, 46, 103
中小企業　36, 50, 91, 101～103, 127, 130, 133, 137, 139～142, 147, 163, 184, 196, 203
低入札価格調査　4, 6, 32, 51, 106, 109～114, 116, 118, 206
低入札調査基準価格　4, 11, 32, 109, 111, 118
適用除外　58, 165, 172, 228
透明性　16, 45, 51, 55, 57, 67, 68, 72, 90, 125, 130, 133, 162, 163
独占禁止法　1～7, 9～11, 16, 17, 29, 39, 41～43, 45, 47, 51～61, 66～70, 85, 94, 97, 99, 131～133, 137, 143～146, 150, 157～176, 178, 179, 181, 183, 185～188, 190, 191, 193～195, 197～218, 220, 222～224, 228, 229, 231
特別重点調査　110
特命随意契約　22, 75～77, 124, 157

　　　　　　　な　行

二次的政策　123
日米建設協議　43
日米構造問題協議　5, 9, 39, 43, 60
入札監視委員会　44, 231
入札参加資格停止　4, 93, 94, 96～99

　　　　　　　は　行

排除措置　6, 41, 96, 98～100, 143, 167,

185, 186, 194, 199, 203
排除型私的独占　55, 56, 199～202, 213
破滅的競争　206
反トラスト法　162, 167, 168, 173
必要悪　5, 17, 59, 60, 159, 228
不当な取引制限　5, 41, 94, 157, 158, 165, 170, 173～176, 178, 182, 183, 185～187, 189, 192～195, 198, 202, 204, 212, 229
不当廉売　6, 51, 52, 66, 160, 166, 169, 170, 200, 201, 204～209, 229
封印入札　91, 92
不公正な取引方法　6, 56, 143, 170, 171, 198, 200, 201, 204, 207
付帯的政策　4, 11, 61, 123～143, 146～148, 150, 152, 163
分離・分割発注　37, 126, 140, 196～197
包括協議　86～88
法人処罰　217

ま 行

無謬性　30, 31, 33, 34, 59, 85, 105, 106, 120

や 行

優越的地位濫用　6, 29, 66, 69, 143, 168, 170～172, 209～210, 215～216, 229
予決令　3, 31～32, 80, 86, 91, 93～98, 100, 102～106, 108～111, 113, 124～126, 132, 134～137, 165
予定価格　1, 4, 11, 15, 31, 32, 37, 38, 45, 46, 53, 61, 65, 79, 81, 85, 87, 89, 92, 104～111, 113～122, 125, 146, 159, 197, 218, 219, 221, 223～225

ら 行

落札率　1, 4, 7～9, 40, 46, 47, 85, 86, 92, 128, 159, 177, 184, 197, 224, 225
落札率至上主義　86
ランク制　36, 50, 61, 77, 94, 100～103, 129, 130, 137, 140
利益度外視の入札　205
連邦調達規則　2
漏えい　114, 116, 121, 218, 219, 222, 223

公共調達と競争政策の法的構造

2012年10月15日　第1版第1刷発行

著　者：楠　　　茂　　　樹
発行者：髙　祖　敏　明
発　行：Sophia University Press
　　　　上 智 大 学 出 版
　　　〒102-8554　東京都千代田区紀尾井町7-1
　　　URL：http://www.sophia.ac.jp/

制作・発売　㈱ぎょうせい
〒136-8575　東京都江東区新木場1-18-11
TEL　03-6892-6666　FAX　03-6892-6925
フリーコール　0120-953-431
〈検印省略〉　URL：http://gyosei.jp

©Shigeki Kusunoki
2012, Printed in Japan
印刷・製本　ぎょうせいデジタル㈱
ISBN978-4-324-09402-0
(5300180-00-000)
[略号：(上智) 公共調達]
NDC 分類321.3

Sophia University Press

　上智大学は、その基本理念の一つとして、「本学は、その特色を活かして、キリスト教とその文化を研究する機会を提供する。これと同時に、思想の多様性を認め、各種の思想の学問的研究を奨励する」と謳っている。

　大学は、この学問的成果を学術書として発表する「独自の場」を保有することが望まれる。どのような学問的成果を世に発信しうるかは、その大学の学問的水準・評価と深く関わりを持つ。

　上智大学は、(1) 高度な水準にある学術書、(2) キリスト教ヒューマニズムに関連する優れた作品、(3) 啓蒙的問題提起の書、(4) 学問研究への導入となる特色ある教科書等、個人の研究のみならず、共同の研究成果を刊行することによって、文化の創造に寄与し、大学の発展とその歴史に貢献する。

Sophia University Press

One of the fundamental ideals of Sophia University is "to embody the university's special characteristics, by offering opportunities to study Christianity and Christian culture. At the same time, recognizing the diversity of thought, the university encourages academic research on a wide variety of world views."

The Sophia Universitiy Press was established to provide an independent base for the publication of scholarly research. The publications of our press are a guide to the level of research at Sophia, and one of the factores in public evaluation of our activities.

Sophia University Press publishes books that (1) meet high academic standards; (2) are related to our university's founding spirit of Christian humanism; (3) are on important issues of interest to a broad general public; and (4) textbooks and introductions to the various academic disciplines. We publish works by individual scholars as well as the results of collaborative research projects that contribute to general cultural development and the advancement of the university.

Competition in Public Procurement:
Law and Policy
©Shigeki Kusunoki, 2012
published by
Sophia University Press

production & sales agency : GYOSEI Corporation, Tokyo
ISBN978-4-324-09402-0
order : http://gyosei.jp